普通高等院校系列教材

中文版AutoCAD 2014建筑绘图 (含上机指导)

第2版

杨月英　张效伟　滕绍光　荆思蒙

刘亦捷　莫正波　高丽燕　王　培　　**编　著**

机 械 工 业 出 版 社

本书依据 AutoCAD 2014 版本编写，为方便读者理解与应用，本书遵循由易到难、循序渐进的原则，在介绍操作面板基本命令的同时，辅助以实例以便读者掌握操作技巧，使读者能够轻松愉快地学习专业图形的绘制。为方便教学及学生专业技能的拓展，本书每章后都配有与教学内容相符的上机指导和操作练习，并在本书最后附有计算机绘图师的考题，使读者能够迅速领会使用 AutoCAD 2014 绘制建筑图的方法。

本书可作为本科院校及高职院校建筑类专业计算机绘图的教材，也可用作计算机培训班的教材，还可作为各类相关技术人员和自学者的学习和参考用书。

图书在版编目（CIP）数据

中文版 AutoCAD 2014 建筑绘图：含上机指导 / 杨月英等编著. —2 版. —北京：机械工业出版社，2016.10（2025.1 重印）
普通高等院校系列教材
ISBN 978-7-111-55154-6

Ⅰ. ①中… Ⅱ. ①杨… Ⅲ. ①建筑制图—计算机辅助设计—AutoCAD 软件—高等学校—教材 Ⅳ. ① TU204

中国版本图书馆 CIP 数据核字（2016）第 248079 号

机械工业出版社（北京市百万庄大街 22 号　邮政编码 100037）
策划编辑：饶雯婧　李　莉　　责任编辑：饶雯婧　陈紫青
责任校对：樊钟英　　　　　　封面设计：鞠　杨
责任印制：常天培
固安县铭成印刷有限公司印刷

2025 年 1 月第 2 版第 4 次印刷
184mm×260mm・15.25 印张・359 千字
标准书号：ISBN 978-7-111-55154-6
定价：49.00 元

电话服务　　　　　　　　　　网络服务
客服电话：010-88361066　　　机 工 官 网：www.cmpbook.com
　　　　　010-88379833　　　机 工 官 博：weibo.com/cmp1952
　　　　　010-68326294　　　金 书 网：www.golden-book.com
封底无防伪标均为盗版　　　　机工教育服务网：www.cmpedu.com

第2版前言

AutoCAD是由美国Autodesk公司推出的计算机辅助设计与绘图软件，它功能强大，命令简捷，操作方便，适用面广。因此，它在世界上得到了广泛的应用，是每个从事土木建筑、机械电子、航空航天、石油化工等相关行业的工程技术人员必须掌握的基本软件。

本书主要包括AutoCAD 2014的基本知识、常用操作、常用绘图命令、常用编辑命令、文字与表格、标注尺寸、图块与参照、布局与打印及三维建模。

本着简明实用的实例指导原则，本书在介绍AutoCAD基本概念和基本操作的同时，特别强调实际操作能力的训练，每章后面都配有与教学内容相结合的、精心设计的上机指导及操作练习。建筑绘图训练包括平面图形、楼梯平面图、楼梯剖面图、房屋平面图、房屋立面图、房屋剖面图和房屋三维图。内容编排由易到难，循序渐进，可以帮助读者快速掌握AutoCAD绘图的知识，领悟图形绘制的特点及应用技巧。

本书可作为本科院校、职业技术院校以及成人教育土木建筑类、艺术设计类、工程类等各专业计算机绘图的教材，也可用作计算机培训班的教材，还可作为各类相关技术人员和自学者的学习和参考用书。本书附录中附有第1～6期全国CAD技能等级一级（计算机绘图师）考试试题——土木建筑类，可作为报考全国CAD技能等级考试的参考资料或上机练习。

本书由青岛理工大学杨月英、张效伟、滕绍光、刘亦捷、莫正波、高丽燕、王培和青岛市机械技术学校荆思蒙编著，由杨月英统稿。

在本书的编写过程中吸纳了许多同仁的宝贵意见和建议，在此表示衷心的感谢！

书中如有不妥之处，恳请读者不吝指教。

编　者

目　　录

第2版前言

第1章　AutoCAD 2014基础知识 1

1.1　AutoCAD 2014的增强和新增功能 1
1.2　AutoCAD 2014的安装和启动 3
1.3　AutoCAD 2014的工作界面 5
1.4　AutoCAD 2014的辅助绘图工具 11
1.5　AutoCAD 2014的图形文件管理 20
1.6　上机指导 24
1.7　操作练习 26

第2章　AutoCAD 2014常用操作 27

2.1　AutoCAD 2014基本操作 27
2.2　AutoCAD坐标系 30
2.3　基本绘图环境设置 33
2.4　图层的创建与设置 36
2.5　上机指导 42
2.6　操作练习 45

第3章　常用绘图命令 47

3.1　绘制二维图形的方法 47
3.2　点、直线、射线、构造线、多段线、多线 48
3.3　矩形、正多边形 57
3.4　绘制圆、圆弧、椭圆和椭圆弧 60
3.5　样条曲线、图案填充和面域 64
3.6　上机指导 70
3.7　操作练习 73

第4章　常用编辑命令 76

4.1　删除和恢复 77
4.2　复制、移动和旋转 77
4.3　镜像、阵列和偏移 81
4.4　缩放、拉伸和拉长 88
4.5　延伸和修剪 91
4.6　打断、合并和分解 93
4.7　倒角和圆角 95
4.8　光顺曲线 98
4.9　编辑对象特性 98
4.10　夹点编辑 99
4.11　上机指导 101
4.12　操作练习 111

第5章　文字与表格 117

5.1　创建文字样式 117
5.2　修改文字样式 119

5.3 注写文字 120
5.4 编辑文字 124
5.5 绘制表格 125
5.6 上机指导 127
5.7 操作练习 128

第6章　标注尺寸 133
6.1 创建尺寸标注样式 134
6.2 常用的标注样式 141
6.3 尺寸标注 145
6.4 编辑尺寸标注 152
6.5 应用示例 153
6.6 上机指导 154
6.7 操作练习 159

第7章　图块与参照 165
7.1 图块的用途和性质 165
7.2 创建图块和调用图块 166
7.3 插入图块 168
7.4 修改图块 170
7.5 定义带有属性的图块 171
7.6 参照 174
7.7 上机指导 177
7.8 操作练习 180

第8章　布局与打印 183
8.1 模型空间和图纸空间 183
8.2 模型空间打印 184
8.3 布局空间打印 185
8.4 上机指导 187
8.5 操作练习 188

第9章　三维建模 193
9.1 三维建模界面与用户坐标 193
9.2 建模 195
9.3 实体编辑 203
9.4 三维实体的修改 206
9.5 三维观察 207
9.6 上机指导 209
9.7 操作练习 211

附录 218
第一期　全国CAD技能等级一级（计算机绘图师）考试试题——土木与建筑类 218
第二期　全国CAD技能等级一级（计算机绘图师）考试试题——土木与建筑类 221
第三期　全国CAD技能等级一级（计算机绘图师）考试试题——土木与建筑类 224
第四期　全国CAD技能等级一级（计算机绘图师）考试试题——土木与建筑类 227
第五期　全国CAD技能等级一级（计算机绘图师）考试试题——土木与建筑类 230
第六期　全国CAD技能等级一级（计算机绘图师）考试试题——土木与建筑类 233

参考文献 236

第1章　AutoCAD 2014基础知识

教学目标与任务

通过对本章的学习，读者应了解中文版AutoCAD 2014的基本功能与新增功能，熟悉软件的界面和各组成部分的功能以及对图形文件进行管理的基本方法，掌握辅助绘图工具。

教学重点与难点

- AutoCAD 2014的基本功能
- AutoCAD 2014的新增功能
- AutoCAD 2014的安装与启动
- AutoCAD 2014的工作界面
- AutoCAD 2014的辅助绘图工具
- AutoCAD 2014图形文件管理

CAD是Computer Aided Design的缩写，指计算机辅助设计，美国Autodesk公司推出的AutoCAD 2014是目前应用非常广泛的CAD软件。Autodesk于二十世纪八十年代初为微机上应用CAD技术而开发了绘图程序软件包AutoCAD，经过不断地完善，现已经成为国际上广为流行的绘图工具。AutoCAD可以绘制任意二维和三维图形，同其他的绘图软件相比，用AutoCAD绘图速度更快、精度更高，而且便于个性化处理，它已经在土木建筑、航空航天、造船、机械、电子、设备、材料、化工、美工、轻纺等很多领域得到了广泛应用，并取得了丰硕的成果和巨大的经济效益。

1.1　AutoCAD 2014的增强和新增功能

AutoCAD 2014具有良好的用户界面，通过交互菜单或命令行方式可以进行各种操作。它的多文档设计环境，让非计算机专业人员也能很快地学会使用。在不断实践的过程中更好地掌握它的各种应用和开发技巧，从而不断提高工作效率。AutoCAD 2014具有广泛的适应性，它可以在各种操作系统支持的微型计算机和工作站上运行。AutoCAD 2014系列的软件套件有标准、高级和旗舰版。

1.1.1 AutoCAD 2014基本特点

1）具有完善的图形绘制功能。

2）具有强大的图形编辑功能。

3）可以采用多种方式进行二次开发或用户定制。

4）可以进行多种图形格式的转换，具有较强的数据交换能力。

5）支持多种硬件设备。

6）支持多种操作平台。

7）具有通用性、易用性，适用于各类用户。

1.1.2 AutoCAD 2014功能介绍

（1）平面绘图

能以多种方式创建直线、圆、椭圆、多边形、样条曲线等基本图形对象。

（2）绘图辅助工具

AutoCAD提供了正交、对象捕捉、极轴追踪、捕捉追踪等绘图辅助工具。正交功能使用户可以很方便地绘制水平、竖直直线，对象捕捉可帮助拾取几何对象上的特殊点，而追踪功能使画斜线及沿不同方向定位点变得更加容易。

（3）编辑图形

AutoCAD具有强大的编辑功能，可以移动、复制、旋转、阵列、拉伸、延长、修剪、缩放对象等。

（4）标注尺寸

可以创建多种类型尺寸，标注外观可以自行设定。

（5）书写文字

能轻易在图形的任何位置、沿任何方向书写文字，可设定文字字体、倾斜角度及宽度缩放比例等属性。

（6）图层管理功能

图形对象都位于某一图层上，可设定图层颜色、线型、线宽等特性。

（7）三维绘图

可创建3D实体及表面模型，能对实体本身进行编辑。

（8）网络功能

可将图形在网络上发布，或是通过网络访问AutoCAD资源。

（9）数据交换

AutoCAD提供了多种图形图像数据交换格式及相应命令。

（10）二次开发

AutoCAD允许用户定制菜单和工具栏，并能利用内嵌语言Autolisp、Visual Lisp、VBA、ADS、ARX等进行二次开发。

1.1.3　AutoCAD 2014简体中文版新特性

（1）增强连接性，提高合作设计效率

在AutoCAD 2014中集成有类似QQ一样的通信工具，可以在设计时，通过网络交互的方式和项目合作者分享，提高开发速度。

（2）支持Windows 8

AutoCAD 2014 能够在Windows 8中完美运行，并且增加了部分触屏特性。

（3）动态地图，现实场景中建模

可以将设计与实景地图相结合，在现实场景中建模，更精确地预览设计效果。

（4）新增文件选项卡

如同Office Tab所实现的功能一样，AutoCAD在2014版本中，增加此功能，更方便用户在不同设计窗口中进行切换。

1.2　AutoCAD 2014的安装和启动

1.2.1　AutoCAD 2014的安装

AutoCAD 2014是AutoCAD系列软件的较新版本，为了发挥其强大的功能，需要计算机软硬件的支持。

1. 软件环境

1）操作系统：Windows XP / Windows 7 / Windows 8等版本。

2）浏览器：IE7.0及更高版本或其他同等浏览器。

2. 硬件环境

1）处理器：建议Pentium 4或AMD Athlon™双核以上处理器，1.6 GHz或更高。

2）内存：建议2GB以上内存。

3）显示器：1024×768真彩色，建议安装独立显卡。

4）硬盘：典型安装需要2GB可用磁盘空间。

特别提示

AutoCAD 2014软件有32位和64位两种，根据电脑操作系统选择。

3. 安装步骤

（1）安装

根据电脑系统选择32位或64位AutoCAD安装程序，双击 Setup ，电脑运行初始化设置，自动打开安装向导，单击如图1-1a所示"安装"，按照提示"下一步"，并输入序列号和产品密钥，指定安装路径单击"安装"（图1-1b），系统自动完成安装。

a）

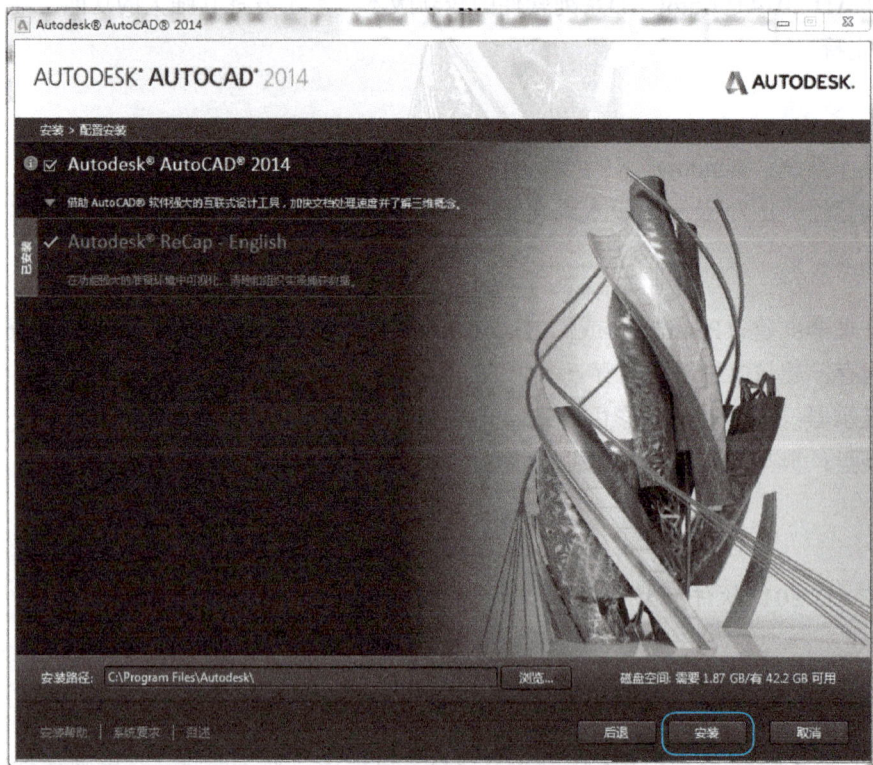

b）

图1-1　CAD 2014安装向导

（2）激活

安装成功后，双击桌面AutoCAD 2014快捷方式 图标或单击"开始"/"所有程序"/"Autodesk"/"AutoCAD 2014/Simplified Chinese"/"AutoCAD 2014"，运行AutoCAD 2014，在"Autodesk许可"界面单击"激活"按钮，如图1-2所示。在弹出的对话框中输入激活码，单击"下一步"完成注册。

图1-2　激活产品

1.2.2　AutoCAD 2014的启动

启动AutoCAD 2014的几种常用方法：

1）双击桌面快捷方式 图标。

2）单击"开始"/"所有程序"/"Autodesk"/"AutoCAD 2014-Simplified Chinese"/"AutoCAD 2014"。

3）双击计算机中已存在的任意一个CAD图形文件。

1.3　AutoCAD 2014的工作界面

启动AutoCAD 2014后，如图1-3所示，有4种工作空间界面，分别是"草图与注释""三维基础""三维建模"和"AutoCAD经典"。这4种工作界面可以方便地进行切换，单击"工具"下拉菜单/"工作空间"，更简便的切换方式是单击界面左上角或右下角的按钮选择，如图1-4所示。工作界面的选择根据个人喜好习惯及绘图对象决定，传统的AutoCAD界面是"AutoCAD经典"。也可以将老版本CAD设置移植到AutoCAD 2014中。

a)

b)

图1-3　工作空间

a）草图与注释　b）三维基础

c)

d)

图1-3　工作空间（续）

c）三维建模　d）AutoCAD经典

图1-4　工作空间切换

AutoCAD 2014的经典工作界面主要由标题栏、菜单栏、工具栏、绘图区、文本窗口与命令行、状态栏等部分组成，如图1-5所示。

图1-5 "AutoCAD经典"工作界面

AutoCAD 2014的"AutoCAD 经典"工作界面各部分说明如下：

1. 标题栏、菜单浏览器和快速访问栏

标题栏位于整个界面的最顶部，主要用来显示程序名称、文件名称和路径。单击菜单浏览器，出现一个下拉菜单，可以代替部分"文件"下拉菜单的作用。快速访问栏是部分"标准"工具栏的控件按钮。

2. 菜单栏与快捷菜单

菜单栏包括"文件""编辑""视图""插入""格式""工具""绘图""标注""修改""参数""窗口""帮助"共12个选项。单击其中任意一个选项，都会出现一个下拉菜单。图1-6为"绘图"下拉菜单。使用菜单栏应注意以下几个方面：

图1-6 AutoCAD 2014的"绘图"菜单

1）命令后有"▸"符号，表示还有下一级菜单。

2）命令后有"…"符号，表示选择该命令可打开一个对话框。

3）命令后有组合键，表示直接按组合键即可执行该菜单命令，如"Ctrl+C"为复制命令。

4）命令后有快捷键，表示单击该下拉菜单后按快捷键即可执行该命令。如直线的快捷键"L"，单击"绘图"菜单，输入"L"即执行"直线"命令。

5）命令呈现灰色，表示该命令在当前状态下不可使用。

特别提示

下拉菜单几乎包含了所有AutoCAD命令及功能，但因操作繁琐，所以常用工具条来代替，如工作界面左侧的"绘图"工具栏就可以代替"绘图"下拉菜单的部分功能。需要注意的是工具条只是列出了最常用的命令，所以其内容没有下拉菜单全。

快捷菜单又称为上下文相关菜单。在绘图区、工具栏、状态栏、模型/布局选项卡以及一些对话框上单击鼠标右键将弹出快捷菜单。该菜单中的命令与AutoCAD的当前状态相关。使用它们可以在不必启动菜单栏的情况下快速、高效地完成某些操作。

3. 常用的工具栏

工具栏是应用程序调用命令的另一种方式，包含许多由图标表示的命令按钮。在AutoCAD中，系统共提供了30多个已命名的工具栏。默认情况下，"标准""特性""图层""样式""绘图"和"修改"等工具栏处于打开状态，各工具条如图1-7所示。

a)

b)

c)

d)

e)

f)

图1-7　常用工具栏

a) 标准工具栏　b) 样式工具栏　c) 图层工具栏　d) 特性工具栏　e) 绘图工具栏　f) 修改工具栏

1）在AutoCAD窗口中，工具栏可以浮动方式放置，用户可以用鼠标按住工具栏前边位置，在窗口中任意拖动放置工具栏。

2）如果要显示当前隐藏的工具栏，可在任意工具栏上单击鼠标右键，此时将弹出一个快捷菜单，如图1-8所示，勾选或取消勾选对应命令即可显示或隐藏对应的工具栏。

4. 绘图区与模型/布局选项卡

绘图区位于屏幕的中间，是用户绘图的主要区域，所有绘图过程都反映在这个区域中，相当于手工绘图的图纸。绘图区的右侧和下侧有垂直方向和水平方向的滚动条，拖动滚动条可以垂直或水平移动视图。模型/布局选项卡位于绘图区的下边缘，单击 模型 布局1 布局2 选项，可以在模型空间和图纸空间进行切换。

5. 命令行

执行一个AutoCAD命令有多种方法，除了下拉菜单、单击"绘图"工具栏的按钮外，执行AutoCAD命令最常用的第三种方式就是在命令行直接输入命令。命令行主要用来输入AutoCAD绘图命令、显示命令提示及其他相关信息，如图1-9所示。在使用AutoCAD进行绘图时，不管用什么方式，每执行一个命令，用户都可以在命令行获得命令执行的相关提示及信息，它是进行人机对话的重要区域。特别对于初学者来说，一定要养成随时观察命令行提示的好习惯，它是指导用户正确执行AutoCAD命令的有利工具。

图1-8 工具栏菜单

图1-9 命令行

通常命令行只有三行左右，将光标移动到命令行提示窗口的上边缘，当光标变成时，按住鼠标左键上下拖动来改变命令行的大小。

想查看执行过的命令，可以在AutoCAD文本窗口中实现。AutoCAD文本窗口是记录AutoCAD命令的窗口，是放大的命令行窗口，它记录了已执行的命令，也可以用来输入新命令。在AutoCAD 2014中，可以通过"视图"/"显示"/"文本窗口"、在命令行执行"TEXTSCR"命令或按【F2】键来打开文本窗口，查看所有操作。

特别提示

1）在命令行输入命令后，有的需按【空格】键或【Enter】键来执行或结束命令。输入的命令可以是命令的全称，也可以为相关的快捷命令，如"直线"命令，可以输入"LINE"，也可输入"直线"命令的快捷命令"L"，输入的字母不分大小写。逐渐熟悉AutoCAD的绘图命令后，使用快捷命令比单击工具栏"绘图"按钮速度快得多，可以大大提高工作效率。

2）命令行还有下一步操作提示，所以需要随时留意命令行的提示，并按照其要求操作。

6. 状态栏

如图1-10所示，状态栏位于工作界面的最底部。当光标在绘图区移动时，状态栏的左边区域可以实时显示当前光标的X、Y、Z三维坐标值。状态栏中间包括"推断约束""捕捉模式""栅格显示""正交模式""极轴追踪""对象捕捉""三维对象捕捉""对象捕捉追踪""动态UCS""动态输入""线宽""透明度""快捷特性""选择循环"共14个开关按钮。用鼠标单击它们可以打开或关闭相应的辅助绘图功能，也可使用相应的快捷键打开。状态栏的右边添加了缩放、注释等工具。

图1-10 状态栏工具栏

1.4 AutoCAD 2014的辅助绘图工具

为了提高绘图的精确性和绘图效率，AutoCAD为用户提供了一系列准确定位的辅助绘图工具，使用系统提供的对象捕捉、对象追踪、极轴捕捉等功能，快速准确定位；使用正交、栅格等功能，有助于对齐图形中的对象。

1.4.1 "草图设置"对话框

如图1-11所示，"草图设置"对话框内有7个标签，它们分别是"捕捉和栅格""极轴追踪""对象捕捉""三维对象捕捉""动态输入""快捷特性"和"选择循环"。

运行"草图设置"对话框的方法有两种：

1）执行"工具"/"绘图设置"命令，弹出一个"草图设置"对话框，如图1-11所示。

2）状态栏提供了辅助绘图按钮包括"推断约束""捕捉模式""栅格显示""正交模式""极轴追踪""对象捕捉""对象捕捉追踪""线宽"等，将光标移动到相应按钮上，右击鼠标，在弹出的快捷菜单中选择"设置"命令也可弹出"草图设置"对话框。

图1-11 "草图设置"对话框

1.4.2 推断约束

一般绘制的图形对象间没有约束关系，比如绘制两条平行线，改变其中一条的角度，另一条的角度是不改变的。"推断约束"命令可以使两个或多个对象间产生约束关系。

1. 推断约束设置

启动"推断约束"的按钮是状态工具栏的。在此按钮上右击选"设置"，出现对话框（图1-12），从中可以选择需要的约束类型。

图1-12 约束设置

2. 应用示例

例题：用"推断约束"绘制图1-13中的a图形，并将图改变成c图形。

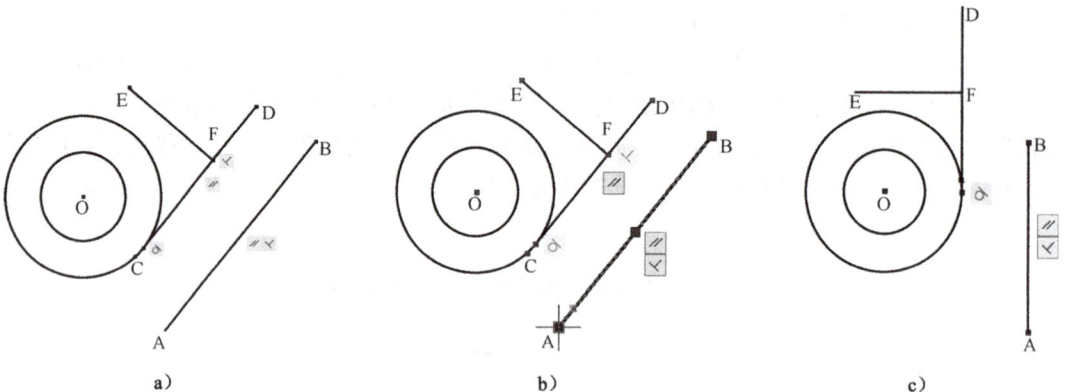

图1-13 用推断约束绘图

a）原图开启推断约束 b）选中图中AB直线并旋转 c）结果

【操作步骤】

1）开启"推断约束"和"对象捕捉"绘制a图形，其中的约束关系是直线AB和CD平行，直线CD与大圆相切，两个圆是同心圆，直线EF与CD垂直。产生约束关系后会出现约束图标，如平行约束为，改变其中一条平行线的方向，有平行约束的另一条平行线也相应改变。删除约束的方法是在约束图标上右键单击选"删除"，或将鼠标放置在约束图标上按【Delete】删除键。

2）利用夹点操作法将图形转换成c图形。夹点分为冷夹点和热夹点，如在b图中单击选择直线AB，直线上有三个蓝色的夹点，称为冷夹点。将鼠标放在某个夹点上，夹点变橙，单击后夹点变红，红色的夹点称为热夹点，鼠标移动热夹点也跟着移动。直线上两端两个夹点可以用来旋转或伸缩直线，中间的夹点可以用来平移直线。也可在热夹点上右击出现快捷菜单，可以选择"旋转""移动"等命令。

3）从c图形可以看出，直线AB角度发生变化，与之有平行约束关系的CD做了相应变化仍保持平行，与CD有垂直约束的直线EF也跟着变化，与CD有相切约束的大圆也跟着变化，与大圆有同心约束的小圆也跟着变化。

1.4.3　栅格显示

栅格是按照设置的间距显示在图形区域中的线，它能提供直观的距离和位置的参照，类似于坐标纸中方格的作用。如果取消选择图1-11对话框中"显示超出界限的栅格"，则栅格只在用"LIMITS"命令设定的图纸界限内显示，如图1-14所示。

图1-14　栅格

1. 打开/关闭栅格

打开/关闭栅格显示的方法有以下4种：

1）在"草图设置"对话框的"捕捉和栅格"标签内勾选或取消勾选"启用栅格"选项，如图1-11所示。

2）单击状态栏"栅格"按钮▦。

3）按【F7】键。

4）命令行：GRID。

2. 设置栅格间距

在"捕捉和栅格"标签内，用户可以设置X、Y轴的栅格间距。"栅格间距"缺省均为10。如果绘图范围较大，而栅格默认的间距为10，可能会出现因栅格线阵太密而无法显示栅格的情况。可以通过"草图设置"对话框来调整栅格间距。

1.4.4　捕捉模式

捕捉是将光标控制在栅格线或栅格点上移动。捕捉和栅格一般需要同时启用。捕捉使光标只能停留在图形中指定的栅格点或线上，这样就可以很方便地将图形放置在特殊点上，便于以后的编辑工作。一般来说，栅格与捕捉的间距和角度都设置为相同的数值，打开捕捉功能后，光标只能定位在图形中的栅格点上跳跃式移动。

1. 打开/关闭捕捉

打开/关闭捕捉的方法有以下4种：

1）在"草图设置"对话框的"捕捉和栅格"标签内勾选或取消勾选"启用捕捉"选项。

2）单击状态栏"捕捉模式"按钮▦。

3）按【F9】键。

4）命令行：SNAP。

2. 设置捕捉间距

在"捕捉和栅格"标签内，用户可以设置X、Y轴的捕捉间距。"捕捉间距"缺省均为10，当其设置为0时，捕捉间距设置无效。

捕捉间距与栅格间距是性质不同的两个概念。两者的值可以相同，也可以不同。如果"捕捉间距"设置为5，而"栅格间距"设置为10，则光标移动两步，才能从栅格中的一个点移动到下一个点。

特别提示

栅格显示和捕捉模式在精确绘图时一般不开启。

1.4.5 正交模式

打开"正交模式"后，系统提供了类似丁字尺的绘图辅助工具"正交"，它是快速绘制水平线和铅垂线的最好工具。

1. 打开/关闭正交模式

打开或关闭正交模式，可执行下列操作之一：

1）单击状态栏"正交"按钮▦。

2）按【F8】键。

3）在绘图过程中可以按住【Shift】键临时启用正交模式。

特别提示

如果知道水平线或铅垂线的长度，在正交模式下将光标放在合适的位置和方向，直接输入直线长度是非常快捷的绘图方法。

2. 应用示例

例题：用正交模式绘制如图1-15所示的图形。

分析：图中所有的线都是水平线和铅垂线，可以采用坐标法绘图，但更简单的是用正交模式绘图。

【操作步骤】

1）输入命令：LINE，启动"直线"命令，鼠标在屏幕上任意位置单击指定A点作为图形左下角点。

2）指定下一点或[放弃（U）]：打开"正交模式"，然后光标移动到A点上方输入20，按【Enter】键

图1-15 利用正交模式绘制图形

确定B点。

3）指定下一点或[放弃（U）]：光标移动到B点右方输入30，按【Enter】键确定C点。

4）指定下一点或[闭合（C）/放弃（U）]：光标移动到C点下方输入20，按【Enter】键确定D点。

5）指定下一点或[闭合（C）/放弃（U）]：光标移动到D点左方输入30，按【Enter】键确定E点。

6）指定下一点或[闭合（C）/放弃（U）]：光标移动到E点下方输入20。按【Enter】键确定F点。

7）指定下一点或[闭合（C）/放弃（U）]：输入字母"C"，按【Enter】键形成闭合图形。

1.4.6 对象捕捉

在绘图的过程中，经常要指定一些点，而这些点是已有对象上的点，例如端点、圆心、两个对象的交点等，如果只是凭用户的观察来拾取它们，无论怎样都不可能非常准确地找到这些点。AutoCAD提供了对象捕捉，可以帮助用户快速、准确地捕捉到某些特殊点，从而精确快速地绘制图形。

对象捕捉分为对象捕捉和三维对象捕捉两种，对象捕捉主要用在平面绘图中，三维对象捕捉用在三维绘图中。本节主要介绍二维对象捕捉。

执行对象捕捉有两种方式，一是利用"草图设置"对话框设置隐含对象捕捉（也称自动对象捕捉模式）；二是利用"对象捕捉"工具栏，执行单点优先方式的对象捕捉（也称临时对象捕捉模式）。

1. 自动对象捕捉模式

在"草图设置"对话框中，选择"对象捕捉"标签，如图1-16所示。在对话框中选择一个或多个捕捉模式，点"确定"按钮，即可执行相应的对象捕捉，这种捕捉方式即为自动对象捕捉方式。

图1-16 "对象捕捉"对话框

特别提示

对象捕捉只有在执行命令而且要求指定点的时候才进入捕捉状态。

2. 临时对象捕捉模式

临时对象捕捉可以采用以下两种方式：

1）在AutoCAD提示指定一个点时，按住【Shift】键不放，在屏幕绘图区按下鼠标右键，则弹出一个如图1-17所示的快捷菜单，在菜单中选择了捕捉点后，菜单消失，再回到绘图区将鼠标移到要捕捉的点附近，会出现相应的捕捉点标记，光标下方还有对这个捕捉点类型的文字说明，这时单击鼠标左键，就会精确地捕捉到这个点。

2）在任意工具栏位置单击鼠标右键，弹出快捷菜单，从快捷菜单选择"对象捕捉"，即可显示"对象捕捉"工具栏，如图1-18所示。在绘图和编辑过程中，系统提示输入一个点时，用户可直接点取"对象捕捉"工具栏内的相应捕捉按钮，再移动鼠标捕捉相应目标。这种执行对象捕捉的方式只影响当前要捕捉的点，操作一次后自动退出对象捕捉状态。

图1-18 "对象捕捉"工具栏

图1-17 快捷菜单

3．应用示例

例题：绘制如图1-19a所示图形，其中O为圆心，直线AO为铅垂线，直线AB与圆相切，直线OC与AB平行。

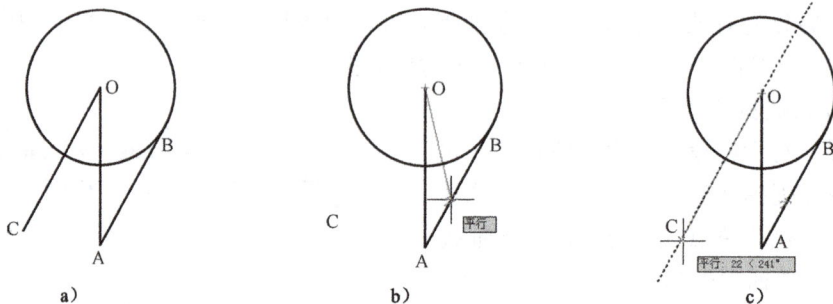

图1-19 利用对象捕捉绘图
a）原图 b）选中捕捉平行线 c）结果

【操作步骤】

1）用绘图工具栏 命令绘制一个圆。

2）打开"正交模式"，调用 命令，打开对象捕捉，捕捉到圆心O，绘制铅垂线AO。

3）关闭"正交模式"，将鼠标放到圆上，出现 时即捕捉到切点，单击即绘制圆的切线AB。

4）调用 命令，捕捉到圆心O点后单击，关闭"对象捕捉"，单击如图1-18所示捕捉工具栏的平行线捕捉或按住【Shift】点右键，选"平行线"。将鼠标放到直线AB上（不要单击），出现图1-19b中的捕捉平行标志时，移动鼠标到大约是C点的位置，出现橡皮线如图1-19c所示，此时单击，则OC平行于AB。

4．三维对象捕捉

控制三维对象的捕捉设置，可捕捉三维对象的顶点、边中点、面中心、节点、垂足、最靠近面等。

1.4.7　自动追踪

自动追踪是光标跟随参照线确定点位置的方法，它有两种工作方式：极轴追踪和对象捕捉追踪。极轴追踪是光标沿设定的角度增量显示参照线，在参照线上确定所需的点。利用对象捕捉追踪可获得对象上关键的点位，这些点即为追踪点，它们是参照线的出发点。

1. 极轴追踪

极轴追踪是指按事先给定的角度增量来追踪特征点。极轴追踪功能可以在系统要求指定一个点时，按预先设置的角度增量显示一条无限延伸的辅助线，这时用户就可以沿辅助线追踪得到光标点。

用户可利用"草图设置"对话框中的"极轴追踪"标签对极轴追踪的参数进行设置，如图1-20所示。

"极轴追踪"标签中各选项的功能和含义如下：

1）"启用极轴追踪"复选框：用于打开或关闭极轴追踪，也可以按【F10】键来打开或关闭极轴追踪。

2）"极轴角设置"选项区域：用于设置极轴角度。在"增量角"下拉列表框中可以选择系统预设的角度，如果该下拉列表框中的角度不能满足需要，可选择"附加角"复选框，然后单击"新建"按钮，在"附加角"列表中增加新角度。

如图1-21所示，如果开启极轴追踪，设定"增量角"为45°，调用直线命令，任意单击一点，然后绕该点移动鼠标，每隔45°显示一条参照线。

图1-20　设置极轴追踪

图1-21　极轴追踪

2. 对象捕捉追踪

对象捕捉追踪是指按与对象的某种特定关系来追踪，这种特定关系确定了一个事先并不知道的角度。也就是说，如果事先不知道具体的追踪方向（角度），但知道与其他对象的某种关系（如相交），则使用对象捕捉追踪。如果事先知道要追踪的方向（角度），则使用极轴追踪。对象捕捉追踪和极轴追踪可以同时使用。

3. 应用示例

例题：绘制如图1-22a所示的三角符号。

图1-22 标高符号的绘制

【操作步骤】

1）打开"对象捕捉"，打开"极轴追踪"，并将追踪角增量设置为45°，打开"对象捕捉追踪"。

2）首先绘制一条高度辅助线EA，然后再绘图。

3）启动"直线"命令，并在绘图区任意指定一点作为E点。

4）指定下一点或[放弃（U）]：打开"正交模式"，将光标移动到E点下方，输入长度3，按【Enter】键确定A点。

5）指定下一点或[放弃（U）]：关闭"正交模式"，将光标移动到A点左上方近45°时，出现一条极轴追踪的虚线（参照线）；然后再将光标移动到E点处，出现捕捉框时左移，出现对象捕捉追踪虚线；当光标移动到合适位置时，两条虚线出现交点，此时单击鼠标，确定图1-21b中的B点。

6）指定下一点或[放弃（U）]：打开"正交模式"，将光标移动到B点右方，输入长度15，按【Enter】键确定D点。

7）指定下一点或[放弃（U）]：关闭"正交模式"，按【Enter】键结束画线。

8）输入命令：LINE或再次按【Enter】键重复"直线"命令，捕捉A点单击作为起点。

9）指定下一点或[放弃（U）]：将光标移动到A点右上方近45°时，出现一条极轴追踪的虚线，然后再将光标移动到C点附近时，出现交点捕捉的叉号，此时单击鼠标，确定图1-21c中的C点。按【Enter】键结束命令。

10）单击辅助线EA，右击鼠标单击"删除"或者按【Delete】键删除辅助线EA，完成绘图。

1.4.8　动态输入

动态输入主要由指针输入、标注输入、动态提示3部分组成，如图1-23所示。它是一种全新的直观显示法，一般情况绘图时都开启动态输入。

图1-23 动态输入

在 ＋ 按钮上单击鼠标右键，出现快捷菜单，选择"设置"选项，打开"草图设置"对话框的"动态输入"标签，单击"指针输入"的"设置"，如图1-24所示，可以对动态输入进行设置。后面介绍的坐标输入法，有时系统默认是相对坐标，则需要改成绝对坐标。

图1-24　动态输入设置

1.4.9　显示线宽

为了提高系统运行速度和成图效率，CAD系统将所有的线都以细线显示，如果要显示线宽，单击状态工具栏"线宽" ＋ 按钮。

1.4.10　快捷特性

快捷特性可以显示选定元素的特性信息。如图1-25所示，选定直线，单击鼠标右键，选择"快捷特性"选项，则出现直线的"颜色""图层""线型""长度"等特性窗口。

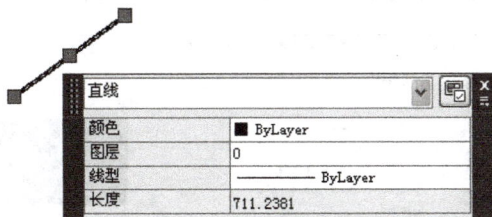

图1-25　快捷特性

1.4.11　选择循环

"选择循环"允许用户选择重叠的对象，可以在"草图设置"对话框中的"选择循环"标签下进行设置。

1.4.12　透明度

用户可以使用"透明度"工具控制对象和图层的透明度级别。设定选定的对象或图层的透明度级别，可以提升图形品质或降低仅用于参照的区域的可见性。出于性能原因的考虑，打印透明对象在默认情况下被禁用。若要打印透明对象，请在"打印"对话框或"页面设置"对话框中选中"使用透明度打印"选项。

1.4.13 动态UCS（用户直角坐标系）

坐标系确定了坐标原点，三个方向的坐标轴X、Y、Z根据不同的需要，用户可创建一个临时的用户坐标系。

用户坐标系（UCS）与世界坐标（WCS）的性质一样，都是由坐标原点与坐标轴组成。不同点在于，世界坐标系的原点与坐标轴始终不变，而用户坐标系可以根据需要随时改变。

一般，只有在画三维图时才会用到"动态UCS"命令。

1.5 AutoCAD 2014的图形文件管理

在AutoCAD中，图形文件管理操作命令包括新建、打开及保存图形文件。

1.5.1 新建图形文件

执行此命令可以新建一个图形文件。

1. 执行途径

1）工具栏：标准工具栏/"新建"按钮 。
2）下拉菜单："文件"/"新建"。
3）命令行：NEW。
4）快捷键：Ctrl+N。

2. 操作说明

执行新建图形文件命令后，会弹出如图1-26所示的"选择样板"对话框。用户可以选择其中一个样本文件，单击"打开"按钮即可。但这些样板文件通常不符合我国的制图标准，建议用户不要使用，用户可使用"acadiso.dwt"空白文件。

图1-26 "选择样板"对话框

除了系统给定的这些可供选择的样板文件（样板文件扩展名为.dwt），用户还可以自己创建所需的样板文件（保存文件类型为.dwt），避免重复劳动。如将设置好图层线宽、设置好文字样式、尺寸标注样式、多线样式、图块、绘制好图框标题栏的图形保存为.dwt样板文件。

1.5.2 打开图形文件

执行此命令可以打开一个已存在的图形文件。

1. 执行途径

1）工具栏：标准工具栏/"打开"按钮 ⬚。

2）下拉菜单："文件"/"打开"。

3）命令行：OPEN。

4）快捷键：Ctrl+O。

2. 操作说明

打开图形文件后，会弹出"选择文件"对话框，如图1-27所示。

图1-27 "选择文件"对话框

1）在"选择文件"对话框的文件列表框中，选择需要打开的图形文件，在右侧的"预览"框中将显示该图形的预览图像。

2）用户可以以"打开""以只读方式打开""局部打开""以只读方式局部打开"4种方式打开图形文件，每种方式都对图形文件进行了不同的限制。如果以"打开"和"局部打开"方式打开图形时，可以对图形文件进行编辑。如果以"以只读方式打开"和"以只读方式局部打开"方式打开图形时，则无法对图形文件进行编辑。

1.5.3 保存图形文件

为了防止因突然断电、死机等情况的发生对已绘图样造成影响，用户应养成随时保存所绘图样的良好习惯。可以用以下几种方法快速保存AutoCAD文件：

第一种方式：保存文件

1. 执行途径

1）工具栏：标准工具栏/"保存"按钮 ⬚。

2）下拉菜单："文件"/"保存"。

3）命令行：QSAVE。

4）快捷键：Ctrl+S。

2. 操作说明

执行该命令后，对当前已命名的图形文件直接存盘保存；如该文件尚未命名，则屏幕上弹出"图形另存为"对话框，如图1-28所示。可从中选择路径并输入"文件名"，确认后进行"保存"。在对话框中单击"文件类型"的下箭头可保存成不同版本的不同类型的文件。

图1-28　保存对话框

第二种方式：另存文件

1. 执行途径

1）下拉菜单："文件"/"另存为"。

2）命令行：SAVEAS。

3）快捷键：Ctrl+Shift+S。

2. 操作说明

AutoCAD还向用户提供了更为安全有效的文件保存设置，即用户可以为自己的设计文件添加密码，作为打开该文件的图形口令，只有知道口令的人员才能将文件打开使用。

添加密码方法为：在"图形另存为"对话框右上角单击"工具"/"安全"选项则出现如图1-29所示的"安全选项"对话框，在对话框中输入密码。

图1-29　文件密码设置

特别提示

　　在没有使用AutoCAD 2014新功能的前提下，建议最后将文件另存为版本较低的文件，这样在其他安装低版本CAD的电脑上也能打开该文件。

第三种方式：自动保存文件

AutoCAD系统有自动保存功能，自动保存路径查询或修改方法为单击"工具"/"选项"出现如图1-30a所示的对话框，选择"文件"选项卡，单击"自动保存位置"，可查询或单击修改保存位置。选择"打开和保存"选项卡，如图1-30b所示，可设置自动保存间隔时间。

a)   b)

图1-30 自动保存

1.5.4 关闭文件

1. 关闭当前打开的文件而不退出AutoCAD系统

1）下拉菜单："文件"/"关闭"。

2）命令行：CLOSE。

3）快捷键：Ctrl+F4。

4）按钮：菜单栏最右侧的 ✕ 。

2. 关闭文件并退出AutoCAD系统

1）命令行：QUIT或EXIT。

2）快捷键：Ctrl+Q。

3）按钮：屏幕最右上角的 ✕ 。

1.5.5 建立模板文件

经常绘图的用户，每次打开空白的新建文档绘图，是件很麻烦的事情。用户可以做一个符合国家标准要求的文档即模板放在模板文件夹，每次新建文档时调出使用，非常方便。

1. 执行途径

1）下拉菜单："文件"/"另存为"。

2）命令行：SAVEAS。

3）快捷键：Ctrl+Shift+S。

2. 操作说明

制作的方法是新建一个CAD文档，把图层、文字样式、标注样式等都设置好后另存为"文件类型"为"AutoCAD图形样板（*，dwt）"的格式作为CAD的模板文件，如图1-31所示。

图1-31　选择样板对话框

单击"保存"，即可把创建的DWT文件放进DWT模板文件夹里，再使用时，新建文档提示选择时，选择该绘图模板文件即可。或者把文件取名为"acad.dwt"（CAD默认模板），替换默认模板，打开这个文件即可打开模板文件。

1.6　上机指导

例题：创建一个AutoCAD文件，使用"直线"命令绘制如图1-32所示的等腰三角形，将其保存在D盘的"AutoCAD 2014"文件夹中，文件名为"练习"。文件夹中再保存一个版本为AutoCAD2004的备份，文件名为"练习备份"，保存完成后退出AutoCAD系统。

【操作步骤】

1）双击桌面AutoCAD 2014图标 ，启动AutoCAD 2014系统。

2）选择工具栏 按钮，弹出"选择样板"对话框，在名称列表中选择"acad.dwt"样板，如图1-26所示，创建一个AutoCAD新文件。

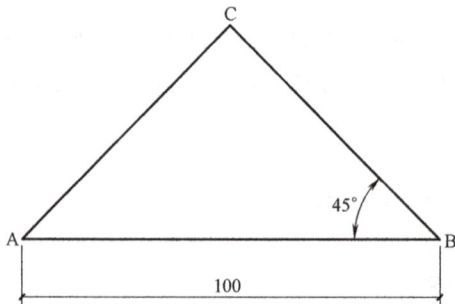

图1-32　使用"直线"命令绘制三角形

3）打开"正交模式"，在"绘图"工具栏中单击"直线"按钮，在屏幕上任意单击一点A，将光标放在A点右侧，命令栏输入100，按【Enter】键确定B点，如图1-33a所示。

　　4）关闭"正交模式"，打开"对象捕捉"和"极轴追踪"，设定"增量角"为45°，打开"对象捕捉追踪"。将光标移动到AB中点位置，系统捕捉到中点（注意不要单击鼠标），向上移动鼠标，如图1-33b所示在某个位置会出现极轴追踪参照线和AB中点的对象捕捉追踪参照线，系统捕捉到两条参照线的交点，单击鼠标左键，确定C点。

　　5）在命令栏"指定下一点或【闭合（C）/放弃（U）】："提示后输入字母C，闭合图形，如图1-33c所示。

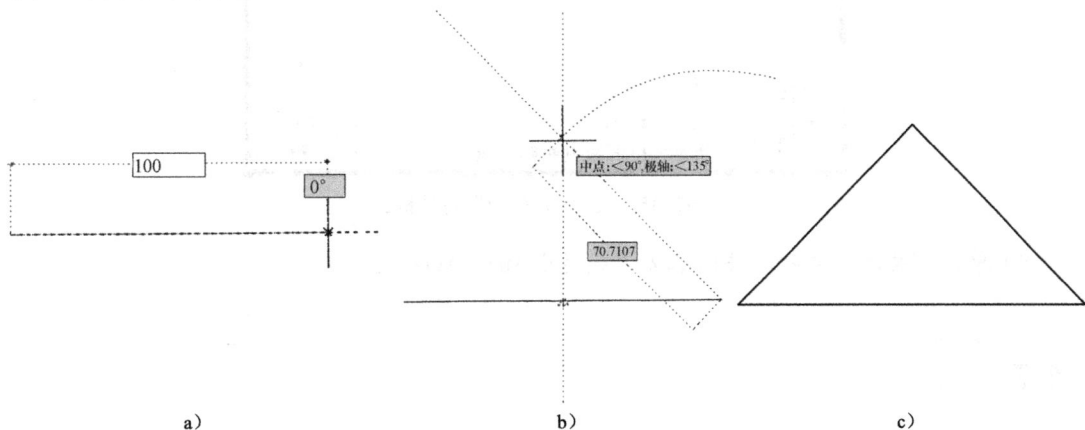

a)　　　　　　　　　　　b)　　　　　　　　　　　c)

图1-33　绘图过程

　　6）绘制完毕后，选择工具栏"保存"按钮，弹出"图形另存为"对话框。在"保存于"下拉列表框中选择路径"D：/AutoCAD 2014文件"，在"文件名"文字框中输入"练习"，如图1-34所示，单击"保存"按钮，保存图形文件。

　　7）单击"文件"/"另存为"命令，弹出"图形另存为"对话框。在"保存于"下拉列表框中选择路径"D：/AutoCAD 2014文件"，在"文件名"文字框中输入"练习备份"，在文件类型框选择"AutoCAD 2004/LT 2004 图形（*.dwg）"，如图1-35所示，单击"保存"按钮，保存图形文件。

图1-34　"图形另存为"对话框1

图1-35　"图形另存为"对话框2

8）单击"关闭"按钮，关闭本文件或退出AutoCAD系统。

1.7　操作练习

新建绘图文件，绘制图1-36～图1-38所示的图形，尺寸自定，并保存。

图1-36　图形1

图1-37　图形2

图1-38　图形3

第2章 AutoCAD 2014常用操作

教学目标与任务

通过对本章的学习，读者应掌握AutoCAD 2014基本操作、坐标系的使用、绘图环境的设置、图层的创建方法，并能够使用图层绘制图形。

教学重点与难点

- AutoCAD 2014基本操作
- 设置绘图环境
- 使用坐标系
- 设置图层的颜色、线型、线宽
- 设置图层的特性
- 控制图层的状态
- 使用图层绘制图形

2.1 AutoCAD 2014基本操作

2.1.1 命令的输入与终止

在AutoCAD中，最基本的操作是命令的输入与终止。

1. 输入设备

AutoCAD中输入命令的设备有键盘、鼠标及数字化仪等，常用的是键盘和鼠标。鼠标用于控制AutoCAD的光标和屏幕指针。当鼠标处于绘图区内，AutoCAD的光标为十字线形式；当光标移至菜单选项、工具栏或对话框内，它会变成一个箭头。

通常使用鼠标左键单击菜单项、工具栏按钮或屏幕菜单来执行命令。

2. 输入命令

AutoCAD输入命令的途径有4种：

1）命令行输入：即由键盘输入AutoCAD命令，键盘是输入文本对象、数值参数（包括坐标）或进行参数选择的唯一方法。如在命令行输入"LINE"或快捷键"L"，按【Enter】键确认后即执行绘制直线命令。

2）下拉菜单输入：通过选中下拉菜单选项，执行AutoCAD命令，此时命令行显示的命令与键盘输入的命令一样。

3）工具栏输入：通过单击工具栏按钮执行AutoCAD命令，此时命令行显示该命令。

4）鼠标右键输入：在不同的区域单击鼠标右键，会弹出相应的菜单，从菜单中选择执行命令。

3. 确认命令/结束命令

确认命令和结束命令是键盘【Enter】键，一般情况下，【空格】键可以起到【Enter】键的作用。例如绘制直线，输入直线命令，按【Enter】键或【空格】键表示确认，命令行提示"指定第一个点"，命令行输入第一点坐标后按【Enter】键或【空格】键表示确认，命令行再提示"指定下一点"，采用相同的操作步骤。要结束命令按【Enter】键或【空格】键或单击鼠标右键选"确定"。

特别提示

要重复执行上一次的命令，可以直接按【Enter】键或【空格】键即可重复执行。

4. 终止命令

在命令执行过程中，用户可以随时按键盘【Esc】键终止执行任何命令。

2.1.2　命令的重复、放弃与重做

在AutoCAD中，用户可以方便地重复执行同一条命令，或撤销前面执行的一条或多条命令。此外，撤销前面执行的命令后，还可通过重做来恢复前面执行的命令。

1. 重复命令

在AutoCAD中，用户可以使用多种方法来重复执行AutoCAD命令。例如，要重复执行上一个命令，可以按【Enter】或【空格】键，或在绘图区域中单击鼠标右键，从弹出的快捷菜单中选择"重复"命令；要重复执行最近使用的6个命令中的某一个命令，可以在命令窗口或文本窗口中单击右键，从弹出的快捷菜单中选择"最近使用的命令"，选择最近使用过的6个命令之一即可；要多次重复执行同一个命令，可以在命令行提示下输入"MULTIPLE"命令，然后在"输入要重复的命令名："提示下输入需要重复执行的命令，AutoCAD将重复执行该命令，直到用户按【Esc】键为止。

2. 放弃前面所进行的命令

有多种方法可以放弃最近一个或多个操作，最简单的就是使用⟲按钮或使用"UNDO"命令（快捷命令"U"）或【Ctrl+Z】来放弃单个操作，用户也可以一次撤销前面进行的多步操作，这时可在命令提示下输入"UNDO"命令，然后在命令行中输入要放弃的操作数目。

3. 重做命令

如果要重做使用UNDO命令放弃的最后一个操作，可以使用⟳键或"REDO"命令或【Ctrl+Y】，或选择"编辑"/"重做"命令。

2.1.3　常用透明命令

透明命令是指在其他命令执行的同时可以执行的命令。透明命令一般用于环境的设

置或辅助绘图。常用透明命令包括"实时缩放""实时平移""窗口缩放"和"全部缩放"。透明命令执行完后，可以继续执行原命令。

1. 实时缩放

单击标准工具栏 命令后，屏幕上的光标变成一放大镜的标记。按住鼠标左键向上移动则将图形放大，向下移动则将图形缩小。按【Esc】键或【Enter】键退出。

> **特别提示**
>
> 最常用的实时缩放是直接用鼠标滚轮，以光标所在点为基准点上滚放大，下滚缩小。需要注意的是，实时缩放只是显示的缩放，图形尺寸没有改变。

2. 实时平移

单击标准工具栏 命令后，屏幕上的光标变成一小手的标记。按住鼠标左键上下左右移动则将图形跟着上下左右移动。按【Esc】键或【Enter】键退出。

> **特别提示**
>
> 最常用的实时平移是直接按住鼠标滚轮移动鼠标。需要注意的是，实时平移是视口的平移，图形在图纸上的位置没有改变。

3. 窗口缩放

单击标准工具栏 命令后，将由两角点定义的"窗口"内的图形尽可能大地显示到屏幕上。

4. 全部缩放

"视图"下拉菜单中"缩放"的下级菜单选 全部(A)，将绘制的所有图形最大化显示在屏幕上。

> **特别提示**
>
> 最常用的全部缩放是在命令行中输入"ZOOM"命令（快捷命令"Z"），按【Enter】键后输入"A"再次按【Enter】键，将绘制的所有图形最大化显示在屏幕上。如果所绘制的某个图形在屏幕中找不到了就用此法。

2.1.4 图形的选取模式

当执行编辑命令后，命令行提示"选择对象"。此时，十字光标将变成一个拾取框 □，移动拾取框来选择一个或多个对象。AutoCAD提供多种选择方法：

1. 点取方式

这是一种默认方式。当光标变为拾取框后，用鼠标移动拾取框，使其覆盖在被选对象上，然后单击鼠标，对象变为虚线，表示已被选中。这种方法适合选择少量或分散对象。

2. 窗口方式

该方式是通过对角线的两个端点来定义一个矩形窗口，凡完全落在该矩形窗口内的图形对象均被选中。但指定两端点的顺序必须自左向右指定，如图2-1所示。

3．窗交方式

该方式也是通过对角线的两个端点来定义一个矩形窗口，凡完全落在该矩形窗口内及与窗口相交的图形对象均被选中。但指定两端点的顺序必须自右向左指定，如图2-2所示。

图2-1　窗口式选择　　　　　图2-2　窗交式选择

4．全选方式

当命令行提示"选择对象"时：在选择状态下键盘输入"ALL"，或在空命令下按【Ctrl+A】，全部选择。

特别提示

1）按住【Shift】键再次点选之前选中的对象，可将其取消选中。

2）在空命令下也可执行选取对象，只是光标不是拾取框口，而仍是十字光标，如选取某个图形，按【Delete】键删除该图形。

2.2　AutoCAD坐标系

2.2.1　世界坐标系（WCS）和用户坐标系（UCS）

在绘图过程中，要精确定位某个对象，必须以某个坐标系作为参照，以便精确拾取点的位置。AutoCAD坐标系包括世界坐标系（WCS）（图2-3）和用户坐标系（UCS）（图2-4）。通过AutoCAD的坐标系可以按照非常高的精度设计并绘制图形。

1．世界坐标系（WCS）

世界坐标系包括X轴和Y轴（如果在3D空间工作，还有Z轴），其坐标轴的交汇处显示一"口"形标记，如果坐标系图标位于图形窗口的左下角，此时坐标零点并不一定在坐标轴的交汇点。

图2-3　世界坐标系（WCS）　　　　图2-4　用户坐标系（UCS）

2．用户坐标系统（UCS）

世界坐标系是固定的，不能改变，有时用户在绘图时会感到不便。为此AutoCAD为用户提供了可以在WCS中任意定义的坐标系，称为用户坐标系（UCS）。UCS的原点可以在任意位置上，其坐标轴可任意旋转和倾斜。另外，用户坐标系的坐标轴交汇处没有"口"形标记。

> **特别提示**
>
> 　　最常用的创建UCS的方法是执行"工具"菜单中"新建UCS"下的"原点"命令，可以将坐标系的原点放到需要的位置。在三维绘图时常用到"工具"菜单中"新建UCS"下的"三点"命令，即可指定原点及X轴、Y轴上的点来确定UCS。

2.2.2　点坐标的表示方法及其输入

　　在AutoCAD中，表示点坐标的方法有绝对直角坐标、绝对极坐标、相对直角坐标和相对极坐标4种。

1. 绝对坐标

　　绝对坐标是指相对于当前坐标系原点的坐标。用户以绝对坐标的形式输入点时，可以采用直角坐标或极坐标。

（1）绝对直角坐标

　　绝对直角坐标，是相对坐标系原点（0，0）或（0，0，0）表示点的X、Y、Z坐标值。当使用键盘键入点的坐标时，X、Y、Z坐标值之间用英文状态下的逗号","隔开，不能加括号，坐标值可以为负。二维绘图时不需要输入Z的坐标值。

　　例如：如图2-5a所示绘制直线AB，执行"直线"命令，"指定第一个点"只需输入A点坐标"10，20"并按【Enter】键，命令行提示"指定下一点"，只需输入B点坐标"30，20"，按两次【Enter】键后即可完成直线AB的绘制。

> **特别提示**
>
> 　　坐标值之间一定要用英文状态下的逗号","隔开，不能用汉语状态下的逗号；输入坐标值时不能加括号。

（2）绝对极坐标

　　绝对极坐标，也是相对坐标系原点（0，0）或（0，0，0）表示的，但它给定的是距离和角度，其中距离和角度用"＜"分开，且规定"角度"方向以逆时针为正，即X轴正向为0°，Y轴正向为90°。

　　例如：如图2-5b所示绘制直线OC，执行"直线"命令，"指定第一个点"只需输入O点坐标"0，0"并按【Enter】键，命令行提示"指定下一点"，输入C点极坐标"30<45"，按两次【Enter】键后即可完成直线OC的绘制。

> **特别提示**
>
> 　　在极坐标输入中度数"°"不需要输入。

2. 相对坐标

　　相对直角坐标和相对极坐标是指相对于某一点的X轴和Y轴的位移，或距离和角度。它的表示方法是在绝对坐标表达方式前加上"@"。其中，相对极坐标中的角度是新点和上一点连线与X轴的夹角。

　　例如：如图2-5c所示绘制直线DE，已知前一个D点（即基准点）的坐标为"10，

10"，E点相对D点的坐标是（30，20）。执行"直线"命令，输入D点绝对坐标"10，10"并按【Enter】键，在"指定下一点"提示下输入E点相对直角坐标"@30，20"（该点的绝对坐标为"40，30"），按两次【Enter】键后即可完成直线DE的绘制。

例如：如图2-5d所示绘制直线FG，已知前一个F点（即基准点）的坐标为"10，10"，G点相对F点的极坐标是（20<45）。执行"直线"命令，输入F点绝对坐标"10，10"并按【Enter】键，在"指定下一点"提示下输入G点相对极坐标"@20<45"，则新点G与前一点F的连线距离为20，连线与X轴正向夹角为45°，按两次【Enter】键后即可完成直线FG的绘制。

一特别提示

绘制水平线或铅垂线一般不使用坐标输入，而是在"正交模式"下指定第一点后，将鼠标放在第一点左右或上下位置，直接输入直线的长度值。

图2-5 绝对坐标和相对坐标

a）绝对直角坐标 b）绝对极坐标 c）相对直角坐标 d）相对极坐标

3. 应用示例

例题：用坐标输入法绘制如图2-6所示的五角星。

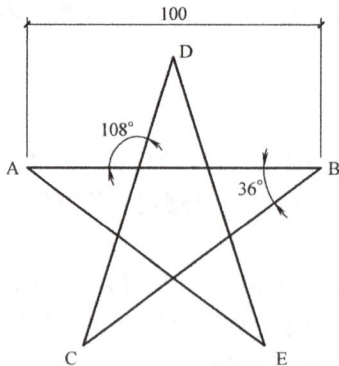

图2-6 五角星

【操作步骤】

1）命令行：LINE，执行"直线"命令，输入A点的绝对直角坐标值或用鼠标任定一点。

2）指定下一点或 [放弃（U）]：打开"正交模式"，鼠标放在A点右侧，输入AB水平线的长度"100"并按【Enter】键。

3）指定下一点或[放弃（U）]：输入C点相对B点的极坐标值"@-100<36"并按【Enter】键。

4）指定下一点或 [闭合（C）/放弃（U）]：输入D点相对C点的极坐标值"@100<72"并按【Enter】键。

5）指定下一点或 [闭合（C）/放弃（U）]：输入E点相对D的极坐标值"@-100<108"

并按【Enter】键。

6）指定下一点或 [闭合（C）/放弃（U）]：输入字母"C"并按【Enter】键闭合到A点。

2.3 基本绘图环境设置

在用户使用AutoCAD绘图之前，首先要对绘图单位以及绘图区进行设置，以便确定绘制的图纸与实际尺寸的关系，便于用户绘图。

2.3.1 设置绘图界限

一般来说，如果用户不作任何设置，AutoCAD系统对作图范围没有限制。可以将绘图区看作是一幅无穷大的图纸，但所绘图形的大小是有限的，因此为了更好地绘图，需要设定作图的有效区域。在AutoCAD中，使用"LIMITS"命令可以在模型空间中设置一个想象的矩形绘图区域，也称为图限。

设置绘图界限的步骤如下：

1）选择"格式"/"图形界限"命令，或在命令行中输入"LIMITS"，命令行提示如下："指定左下角点或［开（ON）/关（OFF）］<0.0000，0.0000>："，按【Enter】键默认（0，0）点。"指定右上角点<420.0000，297.0000>："如果输入坐标"297，210"，则是A4纸横放。

如图2-7所示栅格的区域就是设定的图限（需要将图1-13所示的"草图设置"对话框中"显示超出界限的栅格"关掉）。

图2-7　图限

2）在执行LIMITS命令的过程中，将出现4个选项，分别为"开""关""指定左下角点"和"指定右上角点"。

①"开"选项：表示打开绘图界限检查，如果所绘图形超出了图限，则系统不绘制出此图形并给出提示信息，从而保证了绘图的正确性。

②"关"选项：表示关闭绘图界限检查。

③"指定左下角点"选项：表示设置绘图界限左下角点坐标。

④"指定右上角点"选项：表示设置绘图界限右上角点坐标。

2.3.2 设置绘图单位和精度

在AutoCAD中，用户可以采用1:1的比例因子绘图，因此，所有的直线、圆和其他对象都以真实大小来绘制。用户可以使用各种标准单位进行绘图，对于中国用户来讲，通常使用毫米、厘米、米和千米等作为单位，毫米是最常用的一种绘图单位。不管采用何种单位，在绘图时只能以图形单位计算绘图尺寸，在需要打印出图时，再将图形按图纸大小进行缩放。

设置绘图单位和精度的步骤如下：

1）执行"格式"/"单位…"命令，弹出一个"图形单位"对话框，如图2-8所示。

2）在"长度"区内选择单位类型和精度，工程绘图中一般使用"小数"和精度"0.00"。

3）在"角度"区内选择角度类型和精度，工程绘图中一般使用"十进制小数"和精度"0"。

4）在"插入时的缩放单位"中一般选择"毫米"。

图2-8 "图形单位"对话框

2.3.3 设置参数选项

选择"工具"/"选项"命令，或执行"OPTIONS"命令，可打开"选项"对话框。在该对话框中包含"文件""显示""打开和保存""打印和发布""系统""用户系统配置""绘图""三维建模""选择集"和"配置"共10个选项卡，如图2-9所示。

图2-9 "选项"对话框

1. 各选项卡含义

（1）"文件"选项卡

用于确定AutoCAD搜索支持文件、驱动程序文件、菜单文件和其他文件时的路径以及用户定义的一些设置。

（2）"显示"选项卡

用于设置窗口元素、布局元素、显示精度、显示性能、十字光标大小和参照编辑的褪色度等显示属性。如果圆、圆弧或直线显示不光滑，可以调整显示精度。精度越高，图形生成速度越慢。单击"颜色"可设置屏幕绘图区背景色。

（3）"打开和保存"选项卡

用于设置是否自动保存文件，以及自动保存文件时的时间间隔，是否维护日志，以及是否按需加载外部参照文件等。

（4）"打印和发布"选项卡

用于设置AutoCAD的输出设备。默认情况下，输出设备为Windows打印机。但在很多情况下，为了输出较大幅面的图形，用户也可能需要使用专门的绘图仪。

（5）"系统"选项卡

用于设置当前三维图形的显示特性，设置定点设备、是否显示OLE特性对话框、是否显示所有警告信息、是否检查网络连接、是否显示启动对话框、是否允许长符号名等。

（6）"用户系统配置"选项卡

用于设置是否使用快捷菜单和对象的排序方式等。

（7）"绘图"选项卡

用于设置自动捕捉、自动追踪、自动捕捉标记框颜色和大小、靶框大小等。

（8）"三维建模"选项卡

用于设置三维十字光标、三维对象显示等。

（9）"选择集"选项卡

用于设置选择集模式、拾取框大小以及夹点大小等。

（10）"配置"选项卡

用于实现新建系统配置文件、重命名系统配置文件以及删除系统配置文件等操作。

2. 应用示例

例题：设置绘图窗口的背景颜色为白色。

【操作步骤】

1）选择"工具"/"选项"命令，打开图2-9所示的"选项"对话框。

2）选择"显示"选项卡，如图2-10所示。在"窗口元素"选项区域中单击"颜色"按钮，打开图2-11所示的"图形窗口颜色"对话框。

3）在"上下文"窗口中选择"二维模型空间"选项。

4）在"界面元素"窗口中选择"统一背景"选项。

5）在"颜色"窗口中选择"白色"选项，这时二维模型空间背景颜色将设置为白色，单击"应用并关闭"按钮完成设置。

图2-10 "显示"选项卡

图2-11 将模型空间背景颜色设置为白色

2.4 图层的创建与设置

图层相当于多层"透明纸"重叠而成，在每一层上都可绘图。在AutoCAD中，用户可以根据需要创建很多图层，然后将相关的图形对象放在同一层上，以此来管理图形对象。例如相同的线型放在同一个图层中。

每个图层都有自己的属性和状态，包括：图层名、开关状态、冻结状态、锁定状态、颜色、线型、线宽、透明度、打印样式和是否打印等。用户可以对位于不同图层上的对象同时进行编辑操作。

2.4.1 图层的创建

1. 执行途径

1）工具栏：单击图层工具栏的 按钮，如图2-12所示的最左侧按钮。

图2-12　"图层"工具栏

2）下拉菜单："格式"/"图层"。

3）命令行：LAYER（快捷命令LA）。

2. 操作说明

执行上述命令，会弹出"图层特性管理器"对话框，如图2-13所示，用户可以在此对话框中进行图层的创建、基本操作和管理。

图2-13　"图层特性管理器"对话框

2.4.2　图层基本操作

在"图层特性管理器"对话框中，用户可以通过对话框上的一系列按钮对图层进行基本操作。

（1）新建图层

单击 按钮，列表中将显示新创建的图层。第一次新建，列表中将显示名为"图层1"的图层，随后名称依次为"图层2""图层3"……该名称处于选中状态，用户可以直接输入一个新图层名。对于已经创建的图层，如果需要修改图层的名称，可以单击鼠标右键选"重命名图层"或直接按【F2】键重命名。

（2）删除图层

单击 按钮，可以删除用户选定的图层，但"0"图层不能删除。

（3）置为当前

单击 按钮，将选定图层设置为当前图层。用户都是在当前图层中绘图。

> "0"图层是系统默认的图层，不能对其重新命名。

2.4.3　图层管理

在"图层特性管理器"对话框中，用户可以对图层的特性进行管理。特性管理包括名称、颜色、线型、线宽、透明度、打印样式等。

1. 颜色设置

每个图层都可设定颜色。所谓图层的颜色，是指该图层上面的实体颜色。

1）在建立图层的时候，图层的颜色承接上一个图层的颜色，对于图层"0"系统默认的是7号颜色，该颜色相对于黑色的背景显示白色，相对于白色的背景显示黑色（仅该色例外，其他色不论背景为何种颜色，颜色不变）。

2）在绘图过程中，需要对各个层的对象进行区分，改变该层的颜色，默认状态下该层的所有对象的颜色将随之改变。单击图2-13对话框中"颜色"列表下的颜色特性图标，弹出如图2-14所示的"选择颜色"对话框，用户可以对图层颜色进行设置。在"颜色"输入窗中可以直接输入索引颜色值：1为红、2为黄、3为绿、4为青、5为蓝、6为洋红、7为黑/白。

图2-14 "索引颜色"设置颜色

2. 线型设置

图层的线型是指在图层中绘图时所用的线型，每一层都应有一个相应线型。

（1）加载线型

AutoCAD提供了标准的线型库，该库文件为ACADISO．LIN，可以从中选择线型，也可以定义自己专用的线型。

在AutoCAD中，系统默认的线型是Continuous，线宽默认值是0单位，该线型是连续的。在绘图过程中，如果用户希望绘制点画线、虚线等其他种类的线，就需要设置图层的线型和线宽。

1）单击图2-13对话框中"线型"列表下的线型特性图标Continuous，弹出如图2-15所示的"选择线型"对话框。默认状态下，"选择线型"对话框中只有Continuous一种线型。

2）单击"加载"按钮，弹出如图2-16所示的"加载或重载线型"对话框，用户可以在"可用线型"列表框中选择所需要的线型。

3）选择线型单击"确定"按钮返回"选择线型"对话框，刚刚加载选定的线型出现在窗口中，选定后单击"确定"图层线型设置完成。

图2-15　"选择线型"对话框

图2-16　"加载或重载线型"对话框

（2）调整线型比例

在AutoCAD定义的各种线型中，除了Continuous线型外，每种线型都是由线段、空格、点或文本所构成的序列。用户设置的绘图界限与默认的绘图界限差别较大时，在屏幕上显示或绘图仪输出的线型会不符合工程制图的要求，如虚线或点画线显示为实线，此时需要调整线型比例。

调整线型比例的命令是"LTSCALE"，或单击"格式"菜单下的"线型"子菜单，如图2-17所示。出现"线型管理器"对话框，单击对话框中"显示细节"，则在对话框下方出现详细信息。

在图2-18"线型管理器"对话框中的"详细信息"栏内有两个调整线型比例的编辑框："全局比例因子"和"当前对象缩放比例"。

图2-17　"线型"子菜单

图2-18　线型管理器

1）"全局比例因子"将调整已有对象和将要绘制对象的线型比例。

2）"当前对象缩放比例"调整将要绘制对象的线型比例。

线型比例值越大，线型中的要素也越大。图2-19a、b、c显示出线型比例因子分别为1、2、0.5时的结果。

3）"详细信息"栏内有一个"ISO笔宽"列表框，它只对ISO线型有效。

4）"详细信息"栏内的"缩放时使用图纸空间单位"复选框，用于调整不同图纸空间视口中线型的缩放比例。

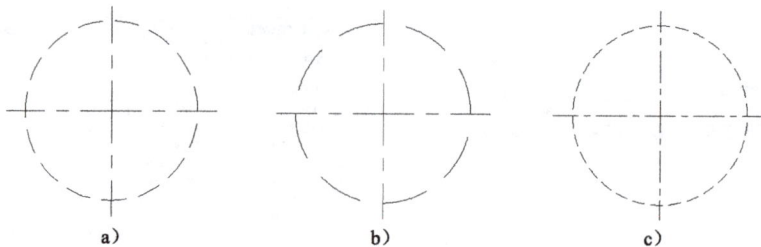

图2-19　线型比例的作用

a）比例为1　b）比例为2　c）比例为0.5

3．线宽设置

工程图对粗细线要求严格，所以需要设置线宽。单击图2-13对话框中"线宽"列表下的线宽特性图标，弹出如图2-20所示的"线宽"对话框，在"线宽"列表框中选择需要的线宽，单击"确定"按钮完成设置线宽操作。

4．透明度设置

单击"透明度"列表下透明度值，弹出如图2-21所示的"图层透明度"对话框。透明度可以设置0～90，0表示不透明，90表示完全透明。如果该图层透明度设为90，在该图层上绘制的图形都完全透明即不可见。

图2-20　"线宽"对话框

图2-21　"图层透明度"对话框

5．转换图层

图层创建完后，在图2-12的"图层"工具栏中就显示出所创建的图层。"样式"工具栏中显示图层颜色、图层线型、图层线宽。

在一个图层上的图像可以转到另一个图层，方法是"特性匹配"命令或"夹持点"操作。两种方法操作有所不同。

（1）用"特性匹配"命令

1）分别用A图层和B图层画一条线，需要将A图层的线转换到B图层。

2）单击"标准"工具栏/"特性匹配" 按钮，就是俗称的格式刷。

3）单击B图层的线。

4）再单击A图层的线。

（2）用"夹持点"功能

1）选中要转换的A图层的图形。

2）然后单击图2-12图层工具栏下拉列表框。

3）选择B图层。

特别提示

在特性工具栏中将显示当前图层的颜色、线型、线宽。"ByLayer"的意思是随层，即该特性和图层设置特性保持一致，建议采用随层。如果特性工具栏改动，即不用"ByLayer"随层，则图层设定的特性对绘制的图形特性不起作用。

2.4.4　控制图层状态

控制图层包括控制图层开关、图层冻结和图层锁定等。

1）在"开关"列表下，♀图标表示图层处于打开状态，♀图标表示图层处于关闭状态。关闭图层可以加快ZOOM、PAN和其他一些操作的运行速度，增强对象选择的性能并减少复杂图形的重生成时间。当图层被关闭以后，该图层上的图形将不能显示在屏幕上，不能被编辑，不能被打印输出。

2）在"冻结"列表下，☀图标表示图层处于解冻状态，❀图标表示图层处于冻结状态。冻结图层，该图层不能置为当前层，图层上的对象将不显示，不能被修改或打印。

3）在"锁定"列表下，🔓图标表示图层处于解锁状态，🔒图标表示图层处于锁定状态。锁定图层，图层可见，但图层上的对象不能被编辑和修改。

2.4.5　应用示例

例题：在AutoCAD 2014中新建一个图形文件，创建4种图层，分别是粗实线层、点画线层、细实线层、虚线层。使用"直线"命令绘制如图2-22所示的4种线型，并练习图层之间的转换。图层设置见表2-1。

表2-1　图层设置

名　称	颜色（颜色号）	线　型	线　宽
粗实线	白色（7）	Continuous	0.3
细实线	绿色（3）	Continuous	0.15
点画线	红色（1）	Center	0.15
虚线	黄色（2）	Dashed	0.15

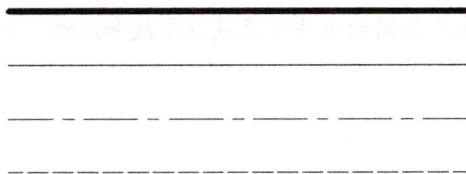

图2-22　使用"直线"命令绘制4种线型

【操作步骤】

1）打开AutoCAD 2014程序，选择标准工具栏/"新建" ▢按钮，新建一个空白图形文件。

2）单击图层工具栏▣按钮，打开"图层特性管理器"对话框。

3）单击"新建" ▣按钮，依次起名粗实线层、细实线层、点画线层、虚线层。

4）单击颜色图标■方块，在"选择颜色"对话框中，依次为粗实线层、细实线层、点画线层、虚线层选择不同的颜色。图2-14索引颜色号依次是7、3、1、2。

5）单击线型图标"Continuous"，弹出"选择线型"对话框，单击"加载"，弹出"加载或重载线型"对话框，选择所需要的线型，虚线"DASHED"、点画线"CENTER"。

6）单击线宽图标"—— 默认"，弹出"线型"对话框，选择线型的宽度，粗实线0.3，其余0.15。设置的4个图层如图2-23所示。

图 2-23

7）单击图层工具栏的下拉列表 ，选择"粗实线"层为当前层。

8）单击绘图工具栏✏按钮，画出四条直线，如图2-24所示。

图 2-24

9）选定第二条直线，然后从图层工具栏窗口中选择"细实线"层，则第二条线变成了细实线，其他的两条直线采用相同的方法可变成点画线和虚线，如图2-22所示。

2.5 上机指导

例题：绘制横放4号图（图2-25a）图框和标题栏。

a)

b)

c)

d)

e)

图2-25　绘制图框和标题栏

a）图框标题栏　b）偏移并分解矩形　c）偏移装订边　d）修剪装订边并绘制标题栏外框　e）偏移标题栏

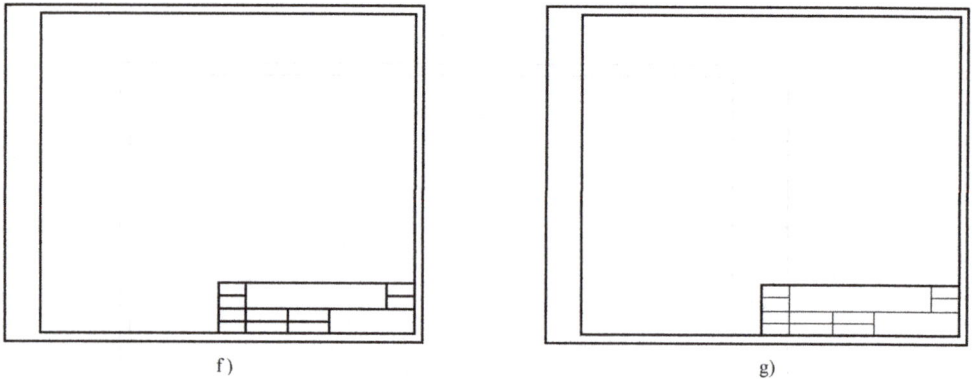

图2-25　绘制图框和标题栏 （续）

f）修剪标题栏　g）图框和标题栏

【操作步骤】

1）设置图层 "粗实线" 和 "细实线"，将 "粗实线" 设为当前图层。单击绘图工具栏/ "矩形" 按钮，命令行提示： "指定第一个角点"，鼠标放在绘图区任意位置单击指定矩形左下角点。

2）命令行提示 "指定另一个角点"，键盘输入 "@297，210"，用相对坐标指定右上角点，矩形完成。

3）单击修改工具栏/ "偏移" 按钮，命令行提示： "指定偏移距离"，键盘输入5，按【Enter】键。

4）命令行提示： "选择要偏移的对象"，鼠标选择图纸外框矩形。

5）命令行提示： "指定要偏移的那一侧上的点"，鼠标放在矩形内侧单击。偏移线框如图2-25b所示。

6）单击修改工具栏/ "分解" 按钮，命令行提示： "选择对象"，鼠标选择内侧矩形，按【Enter】键，即将矩形分解成了四条直线。

7）单击修改工具栏/ "偏移" 按钮，命令行提示： "指定偏移距离"，键盘输入20，按【Enter】键。偏移内矩形的左侧边距离为20，如图2-25c所示。

8）单击修改工具栏 "修剪" 按钮，修剪多余线条。执行 "修剪" 提示： "选择对象"，选择图2-26c中的AB线，按【Enter】键。系统提示： "选择要修剪的对象"，选择要修剪掉的部分。并删除偏移AB线的源对象，结果如图2-25d所示。

9）开启对象捕捉，单击绘图工具栏/ "矩形" 按钮，命令行提示： "指定第一个角点"，鼠标捕捉内矩形右下角点。

10）命令行提示： "指定另一个角点"，键盘输入 "@-140，32"，按【Enter】键，完成图框线和标题栏外框如图2-25d所示。

11）单击修改工具栏/ "分解" 按钮，命令行提示： "选择对象"，鼠标选择标题栏外框矩形，按【Enter】键。

12）单击修改工具栏/ "偏移" 按钮，偏移水平线和铅垂线，偏移距离见图2-25a标题栏尺寸，结果如图2-25e所示。

13）单击修改工具栏/ "修剪" 按钮，命令行提示： "选择对象" 时，框选右下角的全部直线，即让所有的线都作为修剪边界。按【Enter】键后命令行提示： "选择要修剪的对象"时，鼠标单击要修剪的线段，结果如图2-25f所示。

14）将标题栏框内线转换成"细实线"图层。选定标题栏框内线，在"图层"工具栏下拉列表中选"细实线"层，结果如图2-25g所示。

特别提示

　　在以上例题中标题栏修剪时，因为所有线都选为修剪边界，在修剪过程中可能出现因为边界已被修剪掉，有的线就无法再修剪了，此时只需要选定该线，用【Delete】键删除即可。

2.6 操作练习

1．利用点的绝对坐标或相对坐标绘制如图2-26和图2-27所示图形。

图2-26　装饰墙立面

图2-27　台阶立面

2．绘制图2-28～图2-30所示的常用建筑图形和建筑元素。

图2-28　标高符号

图2-29　指北针

图2-30　花饰

3．绘制图2-31～图2-40所示的平面图形。

图2-31　图形1

图2-32　图形2

图2-33　图形3

图2-34 图形4

图2-35 图形5

图2-36 图形6

图2-37 图形7

图2-38 图形8

图2-39 图形9

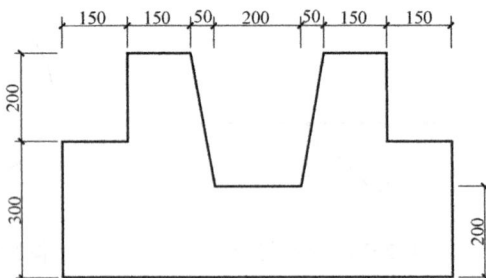

图2-40 图形10

第3章 常用绘图命令

教学目标与任务

通过对本章的学习，读者应掌握AutoCAD中各种二维基本图形的绘制方法，以及各种参数的具体设置。

教学重点与难点

- 绘制二维图形方法
- 绘制点、直线、多段线和多线
- 绘制矩形、正多边形
- 绘制圆、圆弧、椭圆和椭圆弧
- 图案填充

在AutoCAD中，使用"绘图"菜单中的命令，不仅可以绘制点、直线、圆、圆弧、多边形等简单二维图形，还可以绘制多线、多段线和样条曲线等高级图形对象。二维图形的形状都很简单，创建起来也很容易，但它们是整个AutoCAD的绘图基础，因此，用户只有熟练地掌握它们的绘制方法和技巧，才能够更好地绘制出复杂的二维图形以及三维模型。

3.1 绘制二维图形的方法

为了满足不同用户的需要，体现操作的灵活性、方便性，用户可以使用"绘图"菜单、绘图工具栏以及绘图命令3种途径来绘制二维图形。

1. 使用"绘图"菜单

"绘图"菜单如图3-1所示，它包含了AutoCAD几乎所有的绘图命令，用户通过选择该菜单中的命令或子命令，可绘制出相应的二维图形。

图3-1 "绘图"菜单

2. 使用绘图工具栏

绘图工具栏的每个工具按钮都对应于"绘图"菜单中相应的绘图命令，用户单击它们可执行相应的绘图命令，如图3-2所示。

图3-2 绘图工具栏

特别提示

绘图工具栏中只有最常用的绘图命令，有些命令需要从"绘图"菜单才能找到，如绘制圆命令中的"相切，相切，相切"就需要使用"绘图"菜单。

3. 使用绘图命令

在命令提示行后输入绘图命令，按【Enter】键或【空格】键，并根据提示行的提示信息进行绘图操作。这种方法快捷，准确性高，但需要掌握绘图命令及其各选项的具体功能。如绘制直线，可以在命令行输入"LINE"或直接输入快捷命令"L"即可绘制直线。

特别提示

尽量记住尽可能多的绘图快捷命令，用快捷命令绘图，可以极大地提高绘图速度。

3.2 点、直线、射线、构造线、多段线、多线

3.2.1 绘制点

点一般作为辅助参考点。点对象有单点、多点、定数等分和定距等分4种，用户根据需要可以绘制各种类型的点。

1．执行途径

1）工具栏：绘图工具栏/"点"按钮（多点）。

2）下拉菜单："绘图"/"点"。

3）命令行：POINT（单点）（快捷命令：PO）。

2．操作说明

执行"绘图"下拉菜单/"点"后，显示出下级子菜单，用户可根据需要，选择点的类型。

1）选择"单点"命令，可以在绘图窗口中一次绘制一个点。

2）选择"多点"命令，可以在绘图窗口中一次绘制多个点，最后可按【Esc】键结束。

3）选择"定数等分"命令，可以在指定的对象上绘制等分点或者在等分点处插入块，如图3-3a所示将已知直线5等分。

4）选择"定距等分"命令，可以在指定的对象上按指定的长度绘制点或者插入块。

特别提示

在使用"定距等分"命令绘制点时，等分的起点与鼠标选取对象时单击的位置有关。如图3-3b所示，鼠标靠近右端点单击选取直线，其结果以直线的右端点为等分起点。

图3-3　点的定数等分和定距等分

a）将100的直线5等分（定数等分）　b）将100的直线分割间距为15（定距等分）

3．调整点的样式和大小

调整点的样式和大小的方法如下：

1）执行"格式"/"点样式"命令，弹出图3-4所示的对话框。

2）在该对话框中，用户可以选择所需要的点的样式。

3）在"点大小"栏内调整点的大小。

3.2.2　绘制直线

直线是各种绘图中最常用、最简单的一类图形对象，在几何学中，两点决定一条直线。执行直线命令，用户只需给定起点和终点，即可画出一条线段。一条线段即是一个图元。在AutoCAD中，图元是最小的图形元素，它不能再被分解。一个图形是由若干个图元组成的。

图3-4　点样式

1．执行途径

1）工具栏：绘图工具栏/"直线"按钮。

2）下拉菜单："绘图"/"直线"。

3）命令行：LINE（快捷命令：L）。

2．操作说明

1）执行"直线"命令后，命令行显示："指定第一个点："，单击鼠标或从键盘输入起点的坐标。

2）命令行显示："指定下一点或[放弃（U）]："，移动鼠标并单击或坐标输入，即可指定第二点，同时画出了一条线段。

3）指定下一点，即可连续画直线。

4）按【Enter】键结束操作。

特别提示

1）在绘制直线命令行提示"指定下一点或[放弃（U）]："时，若输入"U"或选择快捷菜单中的"放弃"命令，则取消刚刚指定的点，即取消刚刚绘制的线段。连续输入"U"并按【Enter】键，即可连续取消相应的已画线段。

2）在空命令提示下输入"U"，则取消上一步执行的命令。

3）在绘制直线命令行提示"指定下一点或[闭合（C）/放弃（U）]："时，若输入"C"或选择快捷菜单中的"闭合"命令，可使绘出的折线封闭并结束操作。

4）若要画水平线和铅垂线，可开启"正交模式"，直接输入线的长度。

5）若要准确画线到某一特定点，可用"对象捕捉"工具。

3. 应用示例

使用"直线"命令绘制如图3-5所示的图形。

图3-5 使用"直线"命令绘制图形

【操作步骤】

1）在绘图工具栏中单击"直线" ，或命令行输入"L"并按【Enter】键。

2）在"指定第一个点："提示行输入A点坐标"0，0"。

3）依次在"指定下一点或[放弃（U）]："提示行中输入其他点坐标：B"0，40"、C"70，40"、D"70，20"、E"40，20"、F"40，0"。

4）在"指定下一点或[闭合（C）/放弃（U）]："提示行输入字母"C"，然后按【Enter】键，即得到封闭的图形。

特别提示

因为此图中的直线都是水平线和铅垂线，所以采用如下方法更简单：

1）打开"正交模式"，执行直线命令。

2）在"指定第一点："时，鼠标任点一点A。

3）将鼠标移到A点上侧，输入40并按【Enter】键，得到B点，鼠标移到B点右侧，输入70并按【Enter】键，得到C点，以此类推。

3.2.3 绘制射线

射线为一端固定，另一端无限延伸的直线。在AutoCAD中，射线主要用于绘制辅助线。

1. 执行途径

1）下拉菜单："绘图"/"射线"。

2）命令行：RAY。

2. 操作说明

1）执行"射线"命令。

2）单击鼠标或从键盘输入起点的坐标，以指定起点。

3）移动鼠标并单击，或输入点的坐标，即可指定通过点，同时画出了一条射线。

4）连续移动鼠标并单击，即可画出多条射线。

5）按【Enter】键结束操作。

3.2.4 绘制构造线

构造线是指在两个方向上无限延长的直线。构造线主要用作绘图时的辅助线。当绘制多视图时，为了保持投影联系，可先画出若干条构造线，再以构造线为基准画图。

1. 执行途径

1）工具栏：绘图工具栏/"构造线"按钮✐。

2）下拉菜单："绘图"/"构造线"。

3）命令行：XLINE（快捷命令XL）。

2. 操作说明

点取"构造线"✐按钮，命令行显示："指定点或[水平（H）/垂直（V）/角度（A）/二等分（B）/偏移（O）]："，缺省选项是"指定点"，若执行括号内的选项，需输入选项后括号内的字符。

各选项的含义如下：

1）水平（H）：绘制通过指定点的水平构造线。

2）垂直（V）：绘制通过指定点的垂直构造线。

3）角度（A）：绘制与X轴正方向成指定角度的构造线。

4）二等分（B）：绘制角的平分线。执行该选项后，用户输入角的顶点、角的起点和终点后，即可画出角平分线。

5）偏移（O）：绘制与指定直线平行的构造线。该选项的功能与"修改"菜单中的"偏移"功能相同。执行该选项后，给出偏移距离或指定通过点，即可画出与指定直线相平行的构造线。

3. 应用示例

使用"构造线"工具，绘制如图3-6所示图形中角CAB的角平分线。

【操作步骤】

1）单击按钮✐。

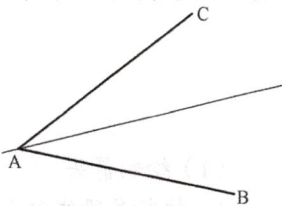

图3-6 使用"构造线"命令绘制图形

2）在"指定点或[水平（H）/垂直（V）/角度（A）/二等分（B）/偏移（O）]"提示下输入B，按【Enter】键即二等分。

3）指定角的顶点A、角的起点B和角的端点C，即绘制出角CAB的角平分线。

3.2.5　绘制多段线

多段线是作为单个对象创建的相互连接的序列线段，可以创建直线段、弧线段或两者的组合线段。多段线中的线条可以设置成不同的线宽以及不同的线型，具有很强的实用性。

1．执行途径

1）工具栏：绘图工具栏/"多段线"按钮 。

2）下拉菜单："绘图"/"多段线"。

3）命令行：PLINE（快捷命令PL）。

2．操作说明

执行"多段线"命令，系统提示："指定起点："，输入或单击起点。"指定下一点或[圆弧（A）/闭合（C）/半宽（H）/长度（L）/放弃（U）/宽度（W）]："，各选项的含义如下：

1）圆弧（A）：该选项使PLINE命令由绘直线方式变为绘圆弧方式，并给出圆弧的提示。

2）闭合（C）：执行该选项，系统从当前点到多段线的起点以当前宽度画一条直线，构成封闭的多段线，并结束PLINE命令的执行。

3）半宽（H）：该选项用来确定多段线的半宽度。

4）长度（L）：用于确定多段线的长度。

5）放弃（U）：可以删除多段线中刚画出的直线段（或圆弧段）。

6）宽度（W）：该选项用于确定多段线的宽度，操作方法与半宽度选项类似。

3．应用示例

利用"多段线"命令绘制图3-7中的图形。

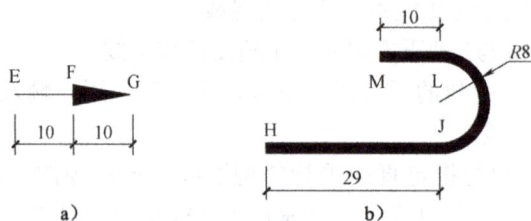

图3-7　使用"多段线"命令绘制图形

a）箭头　b）钢筋弯钩

【操作步骤】

（1）绘制箭头

1）执行多段线命令。打开"正交模式"，在绘图区中单击E点，鼠标放在E点右侧，输入长度值10并按【Enter】键，绘制EF线段。

2）输入W（设置线宽）并按【Enter】键。

3）输入3（设置起点宽度）并按【Enter】键。

4）输入0（设置端点宽度）并按【Enter】键，鼠标放在F点右侧，输入长度值10并按【Enter】键，完成箭头的绘制。

（2）绘制钢筋弯钩

1）重复执行多段线命令，在绘图区中单击H点，输入W并按【Enter】键，输入2再按两次【Enter】键，输入长度值29并按【Enter】键，绘制HJ直线。

2）输入A（开始画圆弧）并按【Enter】键。鼠标放在J点正上方，输入16并按【Enter】键，确定钢筋弯钩的另一端点L。

3）输入L（切换到画直线模式）并按【Enter】键，鼠标放在L点左侧，输入10并按【Enter】键，完成钢筋弯钩的绘制。

3.2.6　绘制多线和编辑多线

多线由1至16条平行线组成，这些平行线称为元素。"多线"命令可以一次绘制多条平行线，主要用来绘制房屋的墙线及门窗线。用户可以自己创建、保存并编辑多线样式。

1. 创建多线样式

在绘制多线前应该对多线样式进行定义，然后用定义的样式绘制多线。通过指定每个元素距多线原点的偏移量可以确定元素的位置。用户还可以设置每个元素的颜色、线型，以及显示或隐藏多线的封口。封口是指出现在多线元素每个顶点处的线条。

（1）执行途径

1）下拉菜单："格式"/"多线样式"。

2）命令行：MLSTYLE。

（2）操作说明

1）执行"多线样式"命令，弹出一个"多线样式"对话框，如图3-8所示。

2）单击"新建"按钮，弹出"创建新的多线样式"对话框。在新样式名称栏内输入名称，如图3-9所示。

图3-8　"多线样式"对话框　　　　图3-9　"创建新的多线样式"对话框

3）单击"继续"按钮，弹出"新建多线样式"对话框，如图3-10所示。

图3-10 "新建多线样式"对话框

4）在"封口"选项区域，确定多线的封口形式、填充和显示连接，一般选直线封口。图3-11为几种封口样式，图3-12为显示和不显示连接的对比。

5）在"图元"选项区域，点取"添加"按钮，在元素栏内增加了一个元素。

6）在"偏移"栏内可以设置新增图元的偏移量。选定某图元，也可以修改其偏移量。一般最外两直线图元间距离为1，图3-10所示的两线间距为1。

7）分别利用"颜色""线型"按钮设置新增元素的颜色和线型。

8）单击"确定"按钮，返回到"多线样式"对话框。

9）单击"置为当前"按钮，再单击"确定"按钮，完成创建多线样式。

图3-11 不同封口效果对比

a）两端直线封口 b）两端外弧封口 c）两端内弧封口

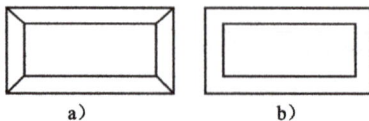

图3-12 显示连接效果对比

a）显示 b）不显示

2. 绘制多线

使用"多线"命令绘制的图线，用户可以用预先定义的多线样式，也可以用默认的样式。

（1）执行途径

1）下拉菜单："绘图"/"多线"。

2）命令行：MLINE（快捷命令：ML）。

（2）操作说明

执行"多线"命令，系统提示："指定起点或[对正（J）/比例（S）/样式

（ST）]：”，各选项的含义如下：

1）指定起点：执行该选项后（即输入多线的起点），系统会以当前的多线样式、比例和对正方式绘制多线，绘图方法和“直线”命令类似。

2）对正（J）：该选项用于确定绘制多线的对正方式。输入J并按【Enter】键，有3种对正方式，一般选择“无（Z）”即中线对正。

3）比例（S）：该选项用来确定所绘多线相对于定义的多线的比例系数。如果绘制240墙线，比例改为240，120墙线比例改为120。

4）样式（ST）：该选项用来确定绘制多线时所使用的多线样式，缺省样式为STANDARD。输入ST并按【Enter】键，根据系统提示，输入定义过的多线样式名称，或输入“？”显示已有的多线样式，选择创建好的多线样式。

🔊特别提示

使用多线需要特别注意以下几点：

1）创建多线样式时，一般用直线封口。

2）创建多线样式时，最外两直线图元间距离为1。

3）在使用多线时，一般设置多线对正方式为“无（Z）”即中线对正。

4）在使用多线时，需要根据绘图尺寸调整多线比例。

3. 编辑多线

使用“多线”命令绘制的图线，必须使用编辑多线命令编辑修改。

（1）执行途径

1）下拉菜单：“修改”/“对象”/“多线”。

2）命令行：MLEDIT。

（2）操作说明

执行了编辑“多线”命令后，弹出一个“多线编辑工具”对话框，如图3-13所示，编辑多线主要通过该框进行。对话框中的各个图标形象地反映了MLEDIT命令的功能。

图3-13　“多线编辑工具”对话框

选择多线的编辑方式后，命令行提示：

● 选择第一条多线：指定要剪切的多线的保留部分。
● 选择第二条多线：指定剪切部分的边界线。
● 按【Enter】键可连续使用多线编辑。

图3-14a～h是多线编辑的几种效果。

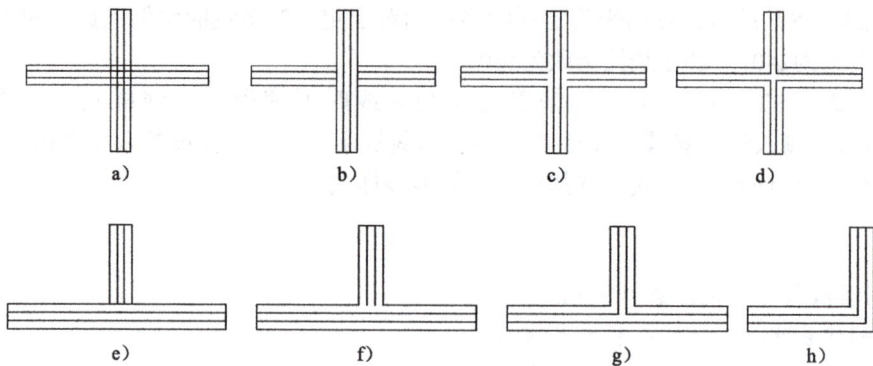

图3-14 多线编辑效果

a）多线对象 b）十字闭合 c）十字打开 d）十字合并

e）T形闭合 f）T形打开 g）T形合并 h）角点结合

特别提示

注意编辑多线时选择第一条多线和第二条多线的顺序，顺序不同结果不同。

4. 应用示例

使用多线绘制如图3-15所示240墙线。

图3-15 墙线

【操作步骤】

（1）定义多线样式

设置240墙多线样式。执行"格式"/"多线样式"命令，设置一个"墙线"多线样式并置为当前，如图3-8～图3-10所示。

（2）绘制定位轴线

打开"正交模式"和"对象捕捉"，执行"直线"命令绘制墙体定位轴线，如图3-16所示。

（3）绘制多线

使用定义的墙线多线样式，中心对齐方式和240比例绘制多线：

1）执行"多线"命令，系统提示如下：

指定起点或［对正（J）/比例（S）/样式（ST）］：输入J并按【Enter】键，输入Z并按【Enter】键。

2）系统提示如下：

指定起点或［对正（J）/比例（S）/样式（ST）］：输入S并按【Enter】键，输入240并按【Enter】键。

3）利用对象捕捉，绘制墙体多线如图3-17所示。

图3-16 绘制轴线   图3-17 绘制墙线

（4）编辑多线

对多线进行编辑：执行"修改"/"对象"/"多线"命令，打开"多线编辑工具"对话框，选择"T形合并"，命令行提示：

● 选择第一条多线：鼠标选择线AB中部。
● 选择第二条多线：鼠标选择线BC。
● 选择第一条多线或[放弃（U）]：鼠标选择线AD中部。
● 选择第二条多线：鼠标选择线AB。
● 选择第一条多线或[放弃（U）]：按【Enter】键结束命令。

完成作图，如图3-15所示。C处和D处的拐角可以在画多线时直接画出，也可以画线后用"角点结合"编辑得到。

特 别 提 示

1）多线被视为一个对象，部分编辑命令不能用，如偏移命令。可以用explode分解命令将多线分解，但分解后的多线不再是一整体，也不能用多线编辑命令。

2）为了有利于多线的编辑，在绘制墙体时，尽量使用水平线和铅垂线垂直相交，否则在之后的多线编辑中将会遇到困难。图3-11中应执行三次多线命令分别绘制AD、AB、BC段，而不要用多线命令一次绘制DABC线。

3.3 矩形、正多边形

3.3.1 绘制矩形

用户可直接绘制矩形，也可以对矩形倒角或倒圆角，还可以改变矩形的线宽。

1．执行途径

1）工具栏：绘图工具栏/"矩形"按钮□。

2）下拉菜单："绘图"/"矩形"。

3）命令行：RECTANGLE（快捷命令：REC）。

2．操作说明

执行"矩形"命令后，系统提示：

● 指定第一个角点或[倒角（C）/标高（E）/圆角（F）/厚度（T）/宽度（W）]：确定第一个角点。

● 指定另一个角点或[面积（A）/尺寸（D）/旋转（R）]：确定另一个角点。

指定的两个角点就是矩形的两个对角点，两个对角点确定一个矩形，如图3-18a所示。

各选项的含义如下：

1）倒角（C）：可绘制一个带倒角的矩形，此时需要指定矩形的两个倒角距离，如图3-18b所示。

2）标高（E）：可指定矩形所在的平面高度。该选项一般用于在三维绘图时设置矩形的基面位置。

3）圆角（F）：可绘制一个带圆角的矩形，此时需要指定矩形的圆角半径，如图3-18c所示。

4）厚度（T）：可以以设定的厚度绘制矩形，该选项一般用于三维绘图时设置矩形的高度。

5）宽度（W）：可以以设定的线宽绘制矩形，此时需要指定矩形的线宽，如图3-18d所示。

6）面积（A）：通过指定矩形的面积和一个边长来绘制矩形。

7）尺寸（D）：分别输入矩形的长、宽来画矩形。

8）旋转（R）：可绘制一个指定旋转角度的矩形。

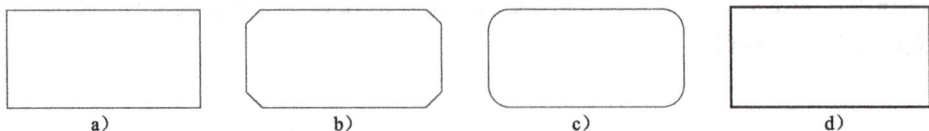

图3-18 使用"矩形"命令绘制图形

a）绘制矩形 b）绘制带倒角矩形 c）绘制带圆角矩形 d）绘制带宽度矩形

3．操作示例

绘制一个长100，宽60，倾斜30°的矩形，如图3-19所示。

【操作步骤】

1）命令：RECTANG，执行"矩形"命令。

2）指定第一个角点或[倒角（C）/标高（E）/圆角（F）/厚度（T）/宽度（W）]：在屏幕绘图区域用鼠标单击确定一点。

3）指定另一个角点或[面积（A）/尺寸（D）/旋转

图3-19 一定倾斜角度的矩形

（R）]：输入R并按【Enter】键。

4）指定旋转角度或[拾取点（P）]<0>：输入30并按【Enter】键。

5）指定另一个角点或[面积（A）/尺寸（D）/旋转（R）]：输入D并按【Enter】键调整尺寸。

6）指定矩形的长度：输入长度100并按【Enter】键。

7）指定矩形的宽度：输入宽度60并按【Enter】键。

8）指定另一个角点或[面积（A）/尺寸（D）/旋转（R）]：用鼠标单击确定矩形方位，绘制出如图3-19所示的矩形。

3.3.2　绘制多边形

创建多边形是绘制正方形、等边三角形和正六边形等图形的简单方法。在AutoCAD中可以绘制边数为3～1024的正多边形。

1. 执行途径

1）工具栏：绘图工具栏/"多边形"按钮⬡。

2）下拉菜单："绘图"/"多边形"。

3）命令行：POLYGON（快捷命令：POL）。

2. 操作说明

执行"多边形"命令后，系统提示：

● 输入侧面数：即输入正多边形的边数。

● 指定正多边形的中心点或[边（E）]：各选项的含义如下：

1）正多边形的中心点：执行该选项，系统提示："输入选项[内接于圆（I）/外切于圆（C）]："。

①选择"内接于圆"是根据多边形的外接圆确定多边形，多边形的顶点均位于假设圆的弧上，需要指定边数和假设圆的半径，如图3-20a所示。

②选择"外切于圆"是根据多边形的内切圆确定多边形，多边形的各边与假设圆相切，需要指定边数和假设圆的半径，如图3-20b所示。

2）边（E）：输入边的第一个端点和第二个端点，即可由边数和一条边确定正多边形，如图3-20c所示，输入边数8，指定边AB，即可绘制正八边形。

图3-20　使用"多边形"命令绘制图形

a）根据内接于圆确定多边形　b）根据外切于圆确定多边形　c）根据边长确定多边形

1）绘制正多边形时，所谓的内接圆和外切圆是不出现的，只显示代表圆半径的直线段。

2）由多边形的已知尺寸条件来决定选择"内接于圆"还是"外切于圆"。图3-20a需要选择"内接于圆"；图3-20b需要选择"外切于圆"。

3.4 绘制圆、圆弧、椭圆和椭圆弧

在AutoCAD中，圆和圆弧的绘制方法相对线性对象来说要复杂一点，方法也比较多。

3.4.1 绘制圆

AutoCAD提供了6种绘制圆的方法，用户可根据不同的情况选择不同的方法。

1. 执行途径

1）工具栏：绘图工具栏/"圆"按钮 。

2）下拉菜单："绘图"/"圆"。

3）命令行：CIRCLE（快捷命令：C）。

2. 操作说明

执行"圆"命令，命令行显示："指定圆的圆心或［三点（3P）/两点（2P）/切点、切点、半径（T）］："，各选项的含义如下：

1）指定圆心：指定圆心、半径或直径即可绘制一个圆。

2）三点（3P）：根据三点画圆，依次输入不在一条直线上的三个点，可绘制出一个圆。

3）两点（2P）：根据两点画圆，依次输入两个点，即可绘制出一个圆，两点间的连线为圆的直径。

4）切点、切点、半径（T）：画与两个对象相切，且半径已知的圆。输入T后，根据命令行提示，指定相切对象并给出半径后，即可画出一个圆，如图3-21所示。需要注意的是圆的半径太小可能因无法相切而无效。

图3-21　使用"切点、切点、半径"命令绘制圆时产生的不同效果

5）相切、相切、相切（A）：该命令只能用菜单"绘图"/"圆"/"相切、相切、相切（A）"执行，如图3-22a所示。通过依次指定圆的3个切点来绘制圆，如图3-22b所示，采用

"相切、相切、相切"绘圆命令，在三角形的三条边上选取三个切点，即可绘制一个圆。

a)   b)

图3-22 使用"相切、相切、相切"命令绘制圆

特别提示

1）相切对象可以是直线、圆、圆弧、椭圆等图线，用相切绘制圆的方式在圆弧连接中经常使用。

2）用户在命令提示后输入半径或者直径时，如果所输入的值无效，如英文字母、负值等，系统将显示"需要数值距离或第二点""值必须为正且非零"等信息，并提示用户重新输入值，或者退出该命令。

3）使用"切点、切点、半径"或"相切、相切、相切"命令时，系统总是在距拾取点最近的部位绘制相切的圆。因此，拾取相切对象时，所拾取的位置不同，最后得到的结果有可能也不相同，即内切和外切的不同，如图3-17所示小圆和直线为已知，绘制直径为90的圆与两者相切。切点选择不同结果不同，图3-17a为外切，b为内切。

3.4.2 绘制圆弧

AutoCAD提供了11种绘制圆弧的方法，用户可根据不同的情况选择不同的方法。

1. 执行途径

1）工具栏：绘图工具栏/"圆弧"按钮。
2）下拉菜单："绘图"/"圆弧"。
3）命令行：ARC（快捷命令A）。

2. 操作说明

从下拉菜单中执行绘制圆弧的操作最为直观。图3-23是绘制圆弧的菜单，由此可以看出绘制圆弧的方法有11种。

图3-23 绘制"圆弧"菜单

1）三点：通过给定的3个点绘制一个圆弧，此时应指定圆弧的起点、通过的第2个点和端点。

2）起点、圆心、端点：通过指定圆弧的起点、圆心和端点绘制圆弧。

3）起点、圆心、角度：通过指定圆弧的起点、圆心和角度绘制圆弧。

使用"起点、圆心、角度"命令绘制圆弧时，在命令行的"指定包含角："提示下，所输入角度值的正负将影响到圆弧的绘制方向。默认环境下，若输入正的角度值，则所绘制的圆弧是从起始点绕圆心沿逆时针方向绘制；若输入负的角度值，则沿顺时针方向绘制圆弧。

4）起点、圆心、长度：通过指定圆弧的起点、圆心和弦长绘制圆弧。

5）起点、端点、角度：通过指定圆弧的起点、端点和角度绘制圆弧。

6）起点、端点、方向：通过指定圆弧的起点、端点和方向绘制圆弧。

使用该命令时，当命令行提示"指定圆弧的起点切向："时，可以通过移动鼠标的方式动态地确定圆弧在起始点处的切线方向与水平方向的夹角。方法是：移动鼠标，AutoCAD会在当前光标与圆弧起始点之间形成一条橡皮筋线，此橡皮筋线即为圆弧在起始点处的切线。通过移动鼠标确定圆弧在起始点处的切线方向后单击鼠标拾取，即可得到相应的圆弧。

7）起点、端点、半径：通过指定圆弧的起点、端点和半径绘制圆弧。

8）圆心、起点、端点：通过指定圆弧的圆心、起点和端点绘制圆弧。

9）圆心、起点、角度：通过指定圆弧的圆心、起点和角度绘制圆弧。

10）圆心、起点、长度：通过指定圆弧的圆心、起点和长度绘制圆弧。

11）继续：当执行绘制圆弧命令，并在命令行的"指定圆弧的起点或[圆心（C）]"提示下直接按【Enter】键，系统将以最后一次绘制的线段或圆弧过程中确定的最后一点作为新圆弧的起点，以最后所绘线段方向或圆弧终止点处的切线方向为新圆弧在起始点处的切线方向，然后再指定一点，即可绘制出一个圆弧。

特别提示

1）有些圆弧不适合用Arc命令绘制，而更适合用"圆"命令绘制出整个圆，再用"修剪"命令修剪成圆弧。

2）AutoCAD默认按逆时针方向绘制圆弧。

3．应用示例

绘制如图3-24所示图形。

【操作步骤】

1）用"直线"命令绘制两圆的定位轴线，注意轴线间距分别是30和20。

2）用"圆"命令绘制φ30和φ20的圆。

3）重复"圆"命令，选取"切点、切点、半径"方式绘制R30的圆，命令行提示：

①指定圆的圆心或[三点（3P）/两点（2P）/切点、切点、半径（T）]：输入T并按【Enter】键，选择"切点、切点、半径"。

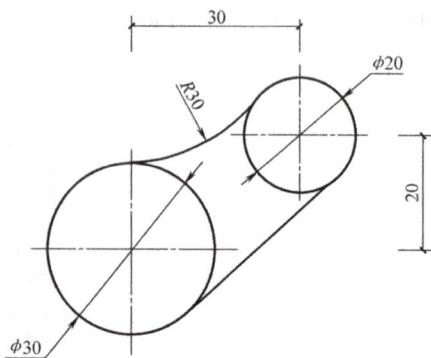

图3-24　用圆命令与修剪命令来绘制圆弧

② 指定对象与圆的第一个切点：鼠标移动到右边小圆左上部分，出现捕捉切点标记时，单击拾取第一切点。

③ 指定对象与圆的第二个切点：鼠标移动到左边大圆上部，出现捕捉切点标记时，单击拾取第二切点。

④ 指定圆的半径：输入圆的半径30，得到一个与两圆都相切的*R*30的圆。

4）执行修改工具栏的"修剪" -/-- 命令，选取ϕ30和ϕ20的圆作为修剪边界，按【Enter】键后单击选择需要剪切的*R*30圆的多余圆弧。（修剪命令详见第4章）

5）绘制圆ϕ30和ϕ20的公切线。在状态栏"对象捕捉" □ 按钮单击鼠标右键，选择"设置"，在对话框中只选择"切点"。执行"直线"命令，在ϕ30圆上捕捉一个切点，在ϕ20圆上捕捉一个切点，即得公切线，如图3-20所示。

3.4.3 绘制椭圆

AutoCAD提供了3种方式用于绘制精确的椭圆。

1. 执行途径

1）工具栏：绘图工具栏/"椭圆"按钮 ○ 。

2）下拉菜单："绘图"/"椭圆"。

3）命令行：ELLIPSE（快捷命令EL）。

2. 操作说明

执行"椭圆"命令时，系统提示："指定椭圆的轴端点或［圆弧（A）/中心点（C）］："，各选项的含义如下：

1）轴端点：指定椭圆的两个轴端点和半轴长度绘制椭圆。

2）圆弧（A）：执行该选项绘制椭圆弧。

3）中心点（C）：根据系统提示，先确定椭圆中心、轴的端点，再输入另一半轴长度绘制椭圆。

如图3-25所示的椭圆图案，绘制一水平椭圆，然后复制两个，分别旋转60°和-60°即可得到。

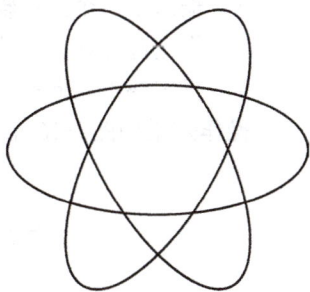

图3-25 椭圆图案

❄ 特 别 提 示

1）执行"椭圆"命令，可以通过指定椭圆中心、一个轴的端点以及另一个轴的半轴长度绘制椭圆。

2）圆在正等轴测图中投影为椭圆，在绘制正等轴测图中的椭圆时，应先打开等轴测平面，然后绘制椭圆。

3.4.4 绘制椭圆弧

1. 执行途径

1）工具栏：绘图工具栏/"椭圆弧"按钮 ⌒ 。

2）下拉菜单："绘图"/"椭圆"/"圆弧"。

3）命令行：ELLIPSE。

2．操作说明

椭圆弧的操作与绘制椭圆相同，先确定椭圆的形状，再按起始角和终止角参数绘制椭圆弧。

3.5　样条曲线、图案填充和面域

3.5.1　样条曲线

样条曲线用来绘制一条多段光滑曲线，通常用来绘制波浪线、等高线。

1．执行途径

1）工具栏：绘图工具栏/"样条曲线"按钮 。

2）下拉菜单："绘图"/"样条曲线"。

3）命令行：SPLINE（快捷命令SPL）。

2．操作说明

执行命令后，系统提示：

- 指定第一个点：在绘图区中单击确定P1。
- 输入下一个点：再次单击确定P2。
- 输入下一个点：输入其他点，按【Enter】键。
- 指定起点切向：确定起始点切线方向。
- 指定终点切向：确定终止点切线方向。

操作效果如图3-26所示。

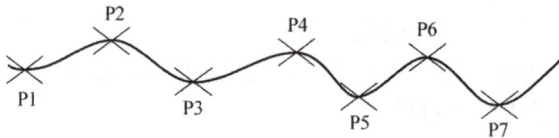

图3-26　绘制样条曲线

3.5.2　图案填充

在建筑制图中，剖面填充用来表达建筑中各种建筑材料的类型、地基轮廓面、屋顶的结构特征，以及墙体的剖面等。AutoCAD为用户提供了图案填充功能。在进行图案填充时，用户需要确定的内容有3个：一是填充的区域，二是填充的图案，三是填充的方式。

1．执行途径

1）工具栏：绘图工具栏/"图案填充"按钮 。

2）下拉菜单："绘图"/"图案填充"。

3）命令行：HATCH（快捷命令H）。

2．操作说明

执行"图案填充"命令，打开"图案填充和渐变色"对话框，如图3-27所示。

图3-27 "图案填充和渐变色"对话框

（1）"图案填充"选项卡

对话框中的"图案填充"选项卡，可以快速设置图案填充。各选项的含义和功能如下：

1）"类型"下拉列表框：用于设置填充的图案类型，包括"预定义""用户定义"和"自定义"3个选项。其中，选择"预定义"选项，可以使用AutoCAD提供的图案；选择"用户定义"选项，则需要用户临时定义图案，该图案由一组平行线或者相互垂直的两组平行线组成；选择"自定义"选项，可以使用用户事先定义好的图案。

2）"图案"下拉列表框：当在"类型"下拉列表框中选择"预定义"选项时，该下拉列表框才可用，并且该下拉列表框主要用于设置填充的图案。单击右侧的按钮，打开"填充图案选项板"对话框，如图3-28所示，用户可选择所需的图案。例如45°剖面线用"ANSI31"，混凝土用"AR-CONC"，钢筋混凝土用"ANSI31+AR-CONC"。

3）"角度"下拉列表框：用于设置填充的图案旋转角度，每种图案在定义时的旋转角度默认为零。

4）"比例"下拉列表框：用于设置图案填充时的比例值。每种图案在定义时的初始比例为1，用户可以根据需要放大或缩小。在图案填充时，如果填充线太密或太疏，就调整"比例"。

特别提示

如果填充完成后看不到填充图案，说明比例太大；如果填充效果是完全黑色的，说明比例太小。

（2）"渐变色"选项卡

使用"渐变色"选项卡，可以使用一种或两种颜色形成的渐变色来填充图形，如图3-29所示。

图3-28 填充图案选项板

图3-29 "渐变色"选项卡

（3）边界

一般有两种方法选取边界，"拾取点"和"选择对象"。

1）"拾取点"指的是拾取内部点，即在封闭区域内任意位置单击，就选定了该封闭区域，可以连续单击选择多个封闭区域。

2）"选择对象"指的是选择需要填充区域的边界线，边界可以是不封闭的。

3）"删除边界"是指从边界定义中删除之前添加的任何对象。

例如要完成如图3-30所示的填充，就要忽略大矩形内部的小矩形（即边界），在选择填充区域时要按下面的步骤进行。

①单击"拾取点"按钮，在大矩形和小矩形之间区域单击鼠标，然后按【Enter】键，返回"图案填充和渐变色"对话框。

②单击"删除边界"按钮，对话框隐去，移动鼠标到小矩形上单击，小矩形由虚变实。这样在填充过程中会忽略小矩形区域，按【Enter】键返回"图案填充和渐变色"对话框，单击"确定"完成图3-30所示的图案填充。

图3-30 填充过程中删除边界

（4）选项

勾选"选项"中的"关联"，填充完成后，改变填充边界则填充图案相应改变，如图3-31所示。

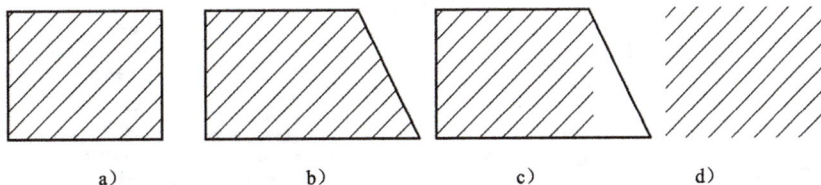

图3-31 关联

a）填充 b）关联 c）不关联 d）填充完后删除边界

3. 孤岛处理

在填充区域内的对象称为孤岛，如封闭的图形、文字串的外框等。它影响了填充图案时的内部边界，因此以对孤岛的处理方式不同而形成了3种填充方式，如图3-32所示。

（1）普通孤岛检测

填充从最外面边界开始往里，在交替的区域间填充图案。这样在由外往里，每奇数个区域被填充，如图3-32a所示。

（2）外部孤岛检测

填充从最外面边界开始往里进行，遇到第一个内部边界后即停止填充，仅仅对最外边区域进行图案填充，如图3-32b所示。

（3）忽略孤岛检测

只要最外的边界组成了一个闭合的多边形，AutoCAD将忽略所有的内部对象，对最外端边界所围成的全部区域进行图案填充，如图3-32c所示。

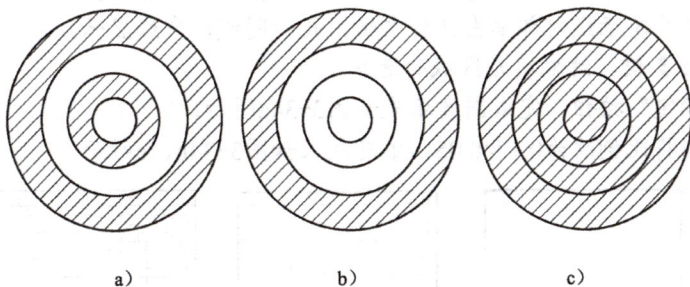

图3-32 孤岛处理

a）普通孤岛检测 b）外部孤岛检测 c）忽略孤岛检测

用户可以在边界内拾取点或选择边界对象后（即单击了"拾取点"按钮或单击了"选择对象"按钮之后），在图形区单击鼠标右键，从弹出的快捷菜单中选择3种样式之一，如图3-33a所示，或者单击图3-27右下角的⊙按钮，则对话框变为如图3-33b所示

图3-33　孤岛

a）孤岛快捷菜单　b）"图案填充和渐变色"展开对话框

4. 应用示例

对图3-34所示图形按要求执行图案填充，其中图3-34a填充比例为1，图3-34b比例为0.1，图3-34c比例为0.05。

【操作步骤】

1）执行"图案填充"命令，出现"图案填充和渐变色"对话框。

2）单击"类型"右侧的下拉框中，选择"预定义"。

3）单击"图案"右侧按钮，选择所需要的填充图案"AR-B816C"。

4）在"比例"框内输入1。

5）点取"拾取点"按钮，此时命令行提示："拾取内部点"。

6）在图形最外轮廓线内部单击鼠标左键，此时图线以虚线显示。

7）按【Enter】键，结束填充区域的选择。

8）单击"确定"按钮，完成图案填充如图3-34a所示。

9）相同步骤将比例改为0.1和0.05，填充效果如图3-34b、c所示。

图3-34　不同比例填充图案效果

a）比例=1　b）比例=0.1　c）比例=0.05

特别提示

如果要修改图案填充，选定填充图案，右击选择"图案填充编辑"或者"快捷特性"，或者打开状态栏"快捷特性"，选定填充图案，在快捷特性框中编辑。

5. 钢筋混凝土图例

钢筋混凝土是房屋建筑的主要材料，系统提供的"填充图案选项板"却没有这种图例。因此，需要用户选择"钢筋"图例和"混凝土"图例两次填充，而且图案填充的比例与绘图比例无关。下面举例说明钢筋混凝土图案填充。

【操作步骤】

1）采用1:10的比例绘制钢筋混凝土楼梯踏步（规格300×150），如图3-35所示。

2）单击"图案填充"命令，在"图案填充和渐变色"对话框中，选择图案"ANSI31"，输入"比例"600，单击"添加：拾取点"命令，在图框内任一处单击，回到对话框单击"确定"，填充斜线如图3-36所示。

图3-35 钢筋混凝土楼梯踏步　　　　图3-36 填充斜线

3）按照上述方法，继续单击"图案填充"命令，选择图案"AR-CONC"，设定"比例"为30，填充混凝土图例，完成钢筋混凝土图例填充，如图3-37所示。

4）再使用"图案填充"命令，选择图案"AR-SAND"，设定"比例"为20，填充砂浆面层图例，如图3-38所示。

图3-37 完成钢筋混凝土图例填充　　　　图3-38 填充砂浆面层图例

3.5.3 面域

面域是封闭区域所形成的二维实体对象，可将它看成一个平面实心区域。尽管AutoCAD中有许多命令可以生成封闭形状（如圆、多边形等），但所有这些都只包含边的信息而没有面，它们和面域有本质的区别。

1. 执行途径

1）工具栏：绘图工具栏/"面域"按钮。

2）下拉菜单："绘图"/"面域"。

3）命令行：REGION。

2. 操作说明

执行命令后，提示用户选择想转换为面域的对象，如选取有效，则系统将该有效选取对象转换为面域。

特 别 提 示

选取面域时要注意：

1）自相交或端点不连接的对象不能转换为面域。

2）缺省情况下AutoCAD进行面域转换时，REGION命令将用面域对象取代原来的对象并删除原对象。如果想保留原对象，则可通过设置系统变量DELOBJ为零来达到这一目的。

3.6 上机指导

绘制如图3-39所示的楼梯扶手剖面图。

图3-39 鞍马座

【操作步骤】

1）创建图层如图3-40所示。

2）绘制直线。打开"正交模式"，绘制如图3-41所示，执行"直线"命令，任点一点为A，鼠标放A点下方，输入AB长度6，得到B点。相同的方法绘制其他直线。中间轴线的绘制方法为，打开"对象捕捉"，执行"直线"命令，第一点捕捉直线EF的中点，绘制铅垂线，然后用夹点操作法将轴线拉长。

图3-40 设置图层

图3-41 直线

3）绘制R10圆。首选确定R10圆的圆心。以D点为圆心以R10为半径绘制一辅助圆，从C点绘制一长度为15的铅垂辅助线，过该铅垂辅助线的上端点作一水平辅助线，该水平辅助线与R10辅助圆交于一点O1，该点就是要绘制的R10圆的圆心，如图3-42所示。以O1为圆心以R10为半径绘制圆，如图3-43所示。

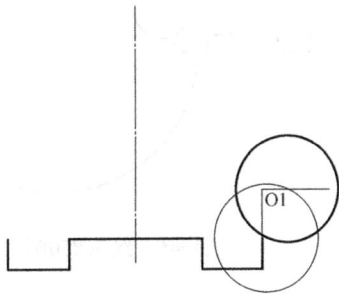

图3-42 圆心定位   图3-43 绘制R10圆

4）绘制R15圆。确定圆心，过C点作水平线，再作该水平线的平行线，间距为70。作平行线最快捷的方法是使用修改工具栏的"偏移"命令，方法为单击⬚，命令行提示"指定偏移距离"，输入平行线间距70，命令行提示"选择要偏移的对象"，单击选择过C点作的水平线，平行线GH就绘制完成了。用相同的方法将水平线GH向下偏移15。用相同的方法将中间的铅垂轴线向右偏移30，两线的交点O2即是R15圆弧的圆心，如图3-44所示。以O2为圆心以R15为半径绘制圆，如图3-45所示。

图3-44 圆心定位   图3-45 绘制R15圆

5）绘制R50圆弧。R50圆弧与R15圆外切，与R10圆内切。执行"圆"⬚命令后，在命令行输入T并按【Enter】键，即选择了"切点、切点、半径"，分别在R15和R10圆上大约的切点位置单击，输入半径50，得到图3-46。修剪R50圆的方法为使用修改工具栏的"修剪"命令⬚，执行"修剪"命令，提示"选择对象"，此时应选择修剪的边界，选择R15和R10圆，按【Enter】键后提示"选择要修剪的对象"，此时选择R50圆的右边部分（选择修剪边界的哪一侧，就修剪掉哪一部分）。相同的方法修剪R10圆弧，结果如图3-47所示。

6）绘制R13圆。绘制R13圆的方法和绘制R10圆的方法是完全相同的，如图3-48、图3-49所示。

图3-46　绘制R50圆

图3-47　修剪R50圆

图3-48　圆心定位

图3-49　绘制R13圆

7）绘制R16圆。确定圆心，用"偏移"命令将中间铅垂轴线向左偏移29，如图3-50所示。因R16圆与R13圆外切，以R13的圆心为圆心，以半径之和16+13=29为半径绘制辅助圆，该辅助圆与偏移铅垂轴线的交点O3即为R16圆的圆心，如图3-51所示。以O3为圆心以R16为半径绘制圆，如图3-52所示。

图3-50　偏移轴线

图3-51　确定R16圆心

8）修剪R13圆弧。用修改工具栏的"修剪"命令，以R16圆和AB直线为修剪边界，修剪R13圆弧，结果如图3-53所示。

图3-52　绘制R16圆

图3-53　修剪R13圆弧

9）绘制R60圆。和绘制R50圆的方法相同，执行"圆"命令⊘，输入T并按【Enter】键，选择"切点、切点、半径"绘制圆方法，分别在R16圆和R15圆上大约切点位置单击，输入半径60，绘图结果如图3-54所示。

10）修剪R60圆弧。使用修改工具栏的"修剪"命令修剪R60圆弧，结果如图3-55所示。相同方法修剪R16、R15圆弧，结果如图3-56所示。

图3-54　绘制R60圆

图3-55　修剪R60圆弧

图3-56　修剪R16、R15圆弧

3.7　操作练习

绘制图3-57～图3-66所示的图形。

图3-57 坐便器

图3-58 洗手盆

图3-59 手柄

图3-60 房屋立面

图3-61 扶手

图3-62 隧道口

图3-63 高速公路平面图1

图3-64 高速公路平面图2

图3-65 基础详图

图3-66 花篮梁断面图

第4章 常用编辑命令

教学目标与任务

通过对本章的学习，读者应掌握对象编辑命令的使用方法和技巧，并能够使用绘图工具和编辑命令绘制复杂的图形。

教学重点与难点

- 复制、移动与旋转对象
- 镜像、阵列与偏移对象
- 修剪、延伸与缩放对象
- 倒角和圆角

图形编辑就是对图形对象进行移动、旋转、缩放、复制、删除和参数修改等操作的过程。AutoCAD提供了强大的图形编辑功能，可以帮助用户准确而快捷地构造和编辑图形，从而极大地提高绘图效率。

常用的图形编辑命令都在如图4-1所示的修改工具栏中。用户也可以通过选择"修改"下拉菜单中的命令来对图形进行编辑和修改，如图4-2所示。

图4-1 修改工具栏

图4-2 "修改"菜单

4.1 删除和恢复

对于不需要的图形在选中后可以删除，如果删除有误，还可以利用相关命令恢复。

4.1.1 删除

1．执行途径

1）工具栏：修改工具栏/"删除"按钮 ✐。

2）下拉菜单："修改"/"删除"。

3）命令行：ERASE。

2．操作说明

通常，选择"删除"命令后，此时屏幕上的十字光标将变为一个拾取框，要求用户选择要删除的对象，然后按【Enter】键或【空格】键结束对象选择，选择的对象即被删除。按照先选择实体，再调用命令的顺序也可将物体删除。

> 删除图形对象最快捷的方法是：先选择物体，然后按【Delete】键。

4.1.2 恢复

对于用户的操作，无论是编辑、绘图还是其他操作，如果操作有误，或对操作结果不满意，均可以执行取消操作。连续输入U并按【Enter】键，可以连续取消前面的操作。

1．执行途径

1）工具栏：标准工具栏/"放弃"按钮 ↶ ▾。

2）下拉菜单："编辑"/"放弃"。

3）命令行：U。

2．恢复刚刚取消的操作

如果执行了取消，可以用下列操作恢复刚刚取消的操作。

1）工具栏：标准工具栏/"重做"按钮 ↷ ▾。

2）下拉菜单："编辑"/"重做"。

3）命令行：REDO。

> 单击"放弃"或"重做"箭头后的下三角可以选择放弃或重做多少步。

4.2 复制、移动和旋转

4.2.1 复制

复制命令用于对图中已有的对象进行复制。使用复制对象命令可以在保持原有对象不变的基础上，将选择好的对象复制到图中的其他位置，这样可以减少重复绘制同样图形的工作量。

1．执行途径

1）工具栏：修改工具栏/"复制"按钮 🔧 。

2）下拉菜单："修改"/"复制"。

3）命令行：COPY（快捷命令：CO）。

2．操作说明

执行上述命令后，命令行提示：

● 选择对象：选取要复制的对象。

● 选择对象：可以继续选择复制对象或按【Enter】键结束选择。

● 当前设置：复制模式=多个，显示多重复制。

● 指定基点或[位移（D）/模式（O）]<位移>：用"对象捕捉"指定一点作为复制基准点。

● 指定第二个点或<使用第一个点作为位移>：用"对象捕捉"指定复制到的一点或输入相对第一点的相对坐标。

● 指定第二个点或[退出（E）/放弃（U）]<退出>：可以连续多重复制，或按【Enter】键结束复制。

特 别 提 示

修改工具栏中的"复制"按钮 🔧 与菜单"编辑"/"复制"命令不同，"复制"命令是用默认基点复制，"复制"按钮 🔧 与"带基点复制"类似，但"带基点复制"只是单重复制，而 🔧 复制默认为多重复制。

3．应用示例

例题：用"复制"命令绘制图4-3c所示的楼梯轮廓。

【操作步骤】

1）首先绘制图4-3a所示的一个楼梯，该楼梯踏面宽为250，踢面高为175。

① 执行"直线"命令，指定起点A并打开"正交模式"。

② 指定下一点或[放弃（U）]：将鼠标放在A点正上方，直接输入AB长度175并按【Enter】键。

③ 指定下一点或[放弃（U）]：将鼠标放在B点正右方，直接输入BC长度250并按【Enter】键。

④ 指定下一点或[闭合（C）/放弃（U）]：按【Enter】键结束画线。

2）利用"复制"命令绘制多段楼梯，如图4-3b所示。

① 启动"复制"命令。

② 选择对象：选择线段AB。

③ 选择对象：选择线段BC。

④ 选择对象：按【Enter】键结束选择。

⑤ 当前设置：复制模式=多个，显示当前复制模式为多重复制。

⑥ 指定基点：用"对象捕捉"捕捉A点作为基点，再捕捉C点作为复制的第二个点。

⑦ 指定第二个点或[退出（E）/放弃（U）]<退出>：依此类推，复制出7个楼梯。

3）打开"对象捕捉"，用"直线"命令，连接楼梯的端点AD，执行"偏移"命令 🔧 ，将线AD向下方偏移82，并将线AD删除，楼梯两端用"直线"命令画上折断线，即得到如图4-3c所示楼梯。

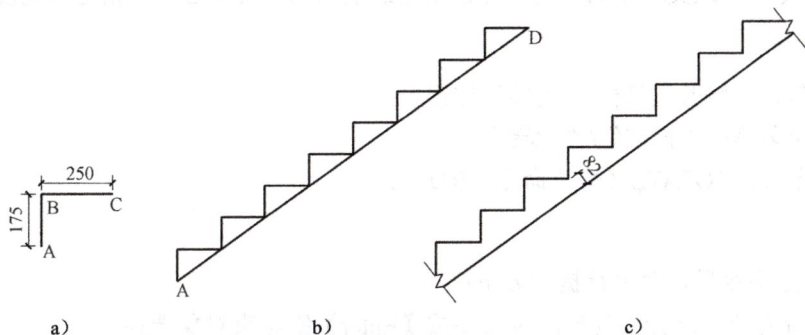

图4-3 复制

a）踏步 b）复制踏步 c）楼梯

4.2.2 移动

移动命令可以将一个或者多个对象平移到新的位置，可以在指定方向上按指定距离移动对象，对象的位置发生了改变，但方向和大小不改变。

1. 执行途径

1）工具栏：修改工具栏/"移动"按钮✣。

2）下拉菜单："修改"/"移动"。

3）命令行：MOVE（快捷命令：M）。

2. 操作说明

执行上述命令后，命令行提示：

- 选择对象：选择需要移动的对象。
- 选择对象：继续选择对象，如不再选择，按【Enter】键结束对象选择。
- 指定基点或[位移（D）]：指定移动的基准点。
- 指定第二个点：指定新的位置基点。

可以用下面两种方法确定对象被移动的位移：

（1）两点法

用鼠标单击或坐标输入的方法指定基点和第二点（新基点），系统会自动计算两点之间的位移，并将其作为所选对象移动的位移。

（2）位移法

先指定第一点（即基点），在出现"指定第二个点或<使用第一个点作位移>："的提示时按【Enter】键，选择括号内的默认项，系统将第一个点的坐标值作为对象移动的位移，即第二个点相对第一点的相对坐标等于第一个点的绝对坐标。

特别提示

快捷精确地移动对象，需配合使用对象捕捉、对象追踪等辅助工具。对于一条直线或一个圆等单独图元的移动，可以用夹点操作。如单击选定一条直线，直线上有三个蓝色夹点。单击中间夹点，夹点变红成为热夹点，移动鼠标即可将直线移动。两端的夹点可以用来拉伸或旋转直线。

4.2.3 旋转

旋转命令可以改变对象的方向，并按指定的基点为旋转中心，按指定的角度进行旋转。

1. 执行途径

1）工具栏：修改工具栏/"旋转"按钮○。
2）下拉菜单："修改"/"旋转"。
3）命令行：ROTATE（快捷命令：RO）。

2. 操作说明

执行上述命令后，命令行提示如下：

- 选择对象：选择要旋转的对象并按【Enter】键结束对象选择。
- 指定基点：指定旋转中心。
- 指定旋转角度，或[复制（C）/参照（R）]：输入旋转角度，复制为旋转后保留源对象。

旋转角度的确定有两种方法：直接输入角度和使用参照角度。直接输入角度，只输入角度值即可，不需要"°"，正值角度为逆时针旋转，负值角度为顺时针旋转。使用参照角度就是在上面的提示下输入"R"，选择"参照"选项，它可以将一个对象的一条边与其他参照对象的边对齐。

3. 应用示例

例题：使用"旋转"命令将图4-4a中左侧的三角形旋转，旋转至AB边与AC边对齐，如图4-4b所示。

【操作步骤】

1）命令行：ROTATE，执行"旋转"命令。
2）选择对象：选择左侧三角形。
3）选择对象：按【Enter】键结束对象选择。
4）指定基点：打开"对象捕捉"，捕捉A点为旋转中心。
5）指定旋转角度，或[复制（C）/参照（R）]<0>：输入R使用参照角度并按【Enter】键。
6）指定参照角<0>：捕捉A点。
7）指定第二点：捕捉B点。
8）指定新角度或[点（P）]<0>：捕捉C点并按【Enter】键。

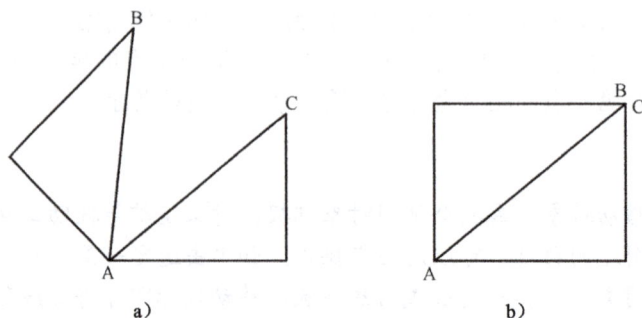

图4-4 旋转参照

4.3 镜像、阵列和偏移

4.3.1 镜像

当绘制的图形对象相对于某一对称轴对称时，可将绘制的图形对象按给定的对称线（镜像线）作反像复制，即镜像。镜像操作适用于对称图形，是一种常用的编辑方法。

1. 执行途径

1）工具栏：修改工具栏/"镜像"按钮⚠。
2）下拉菜单："修改"/"镜像"。
3）命令行：MIRROR（快捷命令：MI）。

2. 操作说明

执行上述命令后，命令行提示如下：

- 选择对象：选择要镜像的对象。
- 选择对象：继续选择对象或按【Enter】键结束对象选择。
- 指定镜像线的第一点：指定镜像线的第二点：指定镜像对称线的两点，即指定镜像线。
- 要删除源对象吗？[是（Y）/否（N）]<N>：选择是否删除源对象，如果否，直接按【Enter】键。

特别提示

1）镜像与复制的区别在于，镜像是将对象反像复制，镜像适用于对称物体。
2）镜像线由两点确定，可以是已有的直线，也可以直接指定两点。
3）文本实体的镜像分为两种状态：完全镜像和可识读镜像，如图4-5所示。当系统变量MIRRTEXT的值为0时，文本作可识读镜像。当系统变量MIRRTEXT的值为1时，文本作完全镜像，不可识读。

图4-5　文本镜像
a）可识读镜像　b）完全镜像

4.3.2 阵列

在绘制工程图样时，经常遇到布局规则的各种图形，例如建筑立面图中窗的布置、建筑平面图中柱网的布置、装修施工图中各种装饰花样的布置。当它们成矩形或环形阵列布局时，AutoCAD向用户提供了快速进行矩形或环形阵列复制的命令，即"阵列"命令。

1. 执行途径

1）工具栏：修改工具栏/"阵列"按钮（长按会出现）。

2）下拉菜单："修改"/"阵列"/矩形阵列、路径阵列、环形阵列。

3）命令行：ARRAY（快捷命令：AR）。

2. 创建矩形阵列

矩形阵列是指将选中的对象进行多重复制后沿X轴、Y轴或Z轴（即行、列、层）方向排列的阵列方式，创建的对象将按用户定义的行数和列数排列。

（1）操作说明

执行"矩形阵列"，命令行提示：

1）选择对象：选择要阵列的对象，按【Enter】键后会显示预览栅格，如图4-6所示。

2）选择夹点以编辑阵列或[关联（AS）/基点（B）/计数（COU）/间距（S）/列数（COL）/行数（R）/层数（L）/退出（X）]<退出>：编辑夹持点可以确定行间距、列间距、行数、列数，其他常用的命令行输入方式有：

关联（AS）：关联是指阵列项目包含在一个整体阵列对象中，编辑阵列对象的特性，例如改变间距或项目数，阵列项目相应改变。非关联是指阵列中的项目将创建为独立的对象，更改一个项目不影响其他项目。

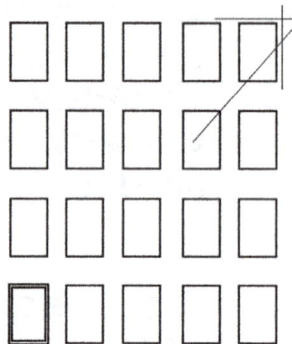

图4-6　鼠标指定行数列数

基点（B）：指定夹持点的基点位置。

计数（COU）：输入阵列的列数和行数。

间距（S）：输入阵列的行间距和列间距。

列数（COL）：输入阵列的列数。

行数（R）：输入阵列的行数。

层数（L）：输入阵列的层数。

退出（X）：默认选项，退出命令

3）按【Enter】键结束命令。

特别提示

需要说明的是：AutoCAD 2014没有阵列角度功能，用"路径阵列"也可以完成阵列角度功能。先在阵列对象上画一条角度线，然后用"路径阵列"，添加"行"效果，如图4-7所示，行数为3，也可以达到阵列角度效果。

图4-7　阵列角度

1）关联矩形阵列如图4-8所示，可以进行夹点操作，方法为选定关联阵列，出现六个蓝色夹点，在夹点上单击，夹点变红，称为热夹点，可以用鼠标对热夹点进行拖动操作。A夹点可以移动整个阵列对象；B夹点可以修改列间距；C夹点可以修改行数、列数、行总间距和列总间距；D夹点可以修改行间距；E夹点可以修改行数、行总间距和轴角度；F夹点可以修改列数、列总间距和轴角度，按【Ctrl】键在三者之间切换。

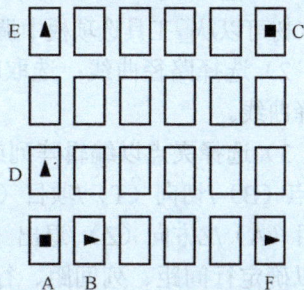

2）行间距和列间距可以是正值也可以是负值，正值在源对象右侧上侧阵列，负值在源对象左侧下侧阵列。

图4-8 阵列基点

（2）应用示例

例题： 绘制图4-9所示建筑立面图的窗户（四行六列矩阵）。

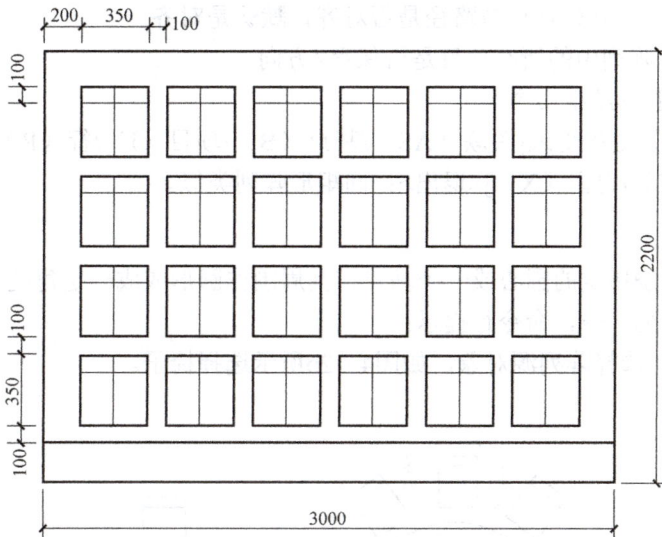

图4-9 阵列窗户

【操作步骤】

1）根据尺寸绘制图4-10所示图形，绘制左下角一个窗户。

2）单击修改工具栏中的"矩形阵列"按钮，选取对象为图4-10左下角的窗户，按【Enter】键后输入COL再次按【Enter】键，输入列数6并按【Enter】键，输入列间距450并按【Enter】键，输入R按【Enter】键，输入行数4并按【Enter】键，输入行间距450，按两次【Enter】键阵列完成，结果如图4-9所示。

3. 创建路径阵列

路径阵列是项目均匀地沿路径或部分路径分

图4-10 建筑外轮廓和一个窗户

布，以图4-11为例说明操作。

执行"路径阵列" ，命令行提示：

1）选择对象：选取阵列源对象，如图4-11b所示选择树（树可以从 工具选项板中调用）。

2）选择路径曲线：选取阵列路径，如图4-11a所示选择曲线。

3）选择夹点以编辑阵列或[关联（AS）/方法（M）/基点（B）/切向（T）/项目（I）/行（R）/层（L）/对齐项目（A）/Z方向（Z）/退出（X）]<退出>：编辑夹持点可以确定行间距、列间距、行数、列数。其他常用的命令行输入方式有：

图4-11　路径阵列

方法（M）：指定距等分还是定数等分，默认是定距等分，图4-11选择定数等分。

切向（T）：指项目图元与路径的方向。

项目（I）：输入沿路径的项目之间的距离和项目数，图4-11c中项目数为8。

对齐项目（A）：阵列项目与路径是否对齐，默认是对齐。

Z方向（Z）：阵列中的所有项目是否保存Z方向。

4）按【Enter】键结束命令。

5）按【Enter】键接受或[关联（AS）/基点（B）/项目（I）/行（R）/层（L）/对齐项目（A）/Z方向（Z）/退出（X）]<退出>：同矩形阵列类似。

4．创建环形阵列

环形阵列是围绕指定的圆心或一个基点在其周围作圆形或成一定角度的扇形排列。

执行"环形阵列" ，命令行提示：

1）选择对象：选择阵列源对象，如图4-12b所示选择椅子。

图4-12　餐厅桌椅

2）指定阵列的中心点或[基点（B）/旋转轴（A）]：指定阵列中心，如图4-12b所示指定桌子圆心。

3）选择夹点以编辑阵列或[关联（AS）/基点（B）/项目（I）/项目间角度（A）/填充角度（F）/行（ROW）/层（L）/旋转项目（ROT）/退出（X）]<退出>：编辑夹持点可以确

定环形阵列的角度、个数、阵列半径。其他常用的命令行输入方式有：

项目（I）：确定环形阵列的个数，如图4-12所示，阵列项目数为10。

项目间角度（A）：指定阵列项目间的夹角。

填充角度（F）：指定阵列项目总的角度。指定填充角度（+=逆时针、−=顺时针）或[表达式（EX）]<360>：指定阵列角度，如图4-13为360°阵列。角度值正为逆时针阵列，负值为顺时针阵列。

旋转项目（ROT）：指定阵列项目旋转的角度。

4）按【Enter】键结束命令。

特别提示

1）按住【Ctrl】键并单击关联阵列中的项目来删除、移动、旋转或缩放选定的项目，而不会影响其余的阵列。如图4-13a所示环形关联阵列中，按住【Ctrl】键并单击选择最上方的椅子，用"移动"命令移动一定距离，如图4-13b所示。

2）关联阵列中的项目是一整体对象，要分解单击修改工具栏的"分解"命令 。

3）调整行数列数、行列间距、阵列角度等可以在选定阵列后单击标准工具栏的特性按钮 ，在特性窗口中调整。

图4-13 阵列项目编辑

4.3.3 偏移

偏移命令可以根据指定距离或通过点，创建一个与原有图形对象平行或具有同心结构的形体。可以偏移的对象包括直线、矩形、正多边形、圆弧、圆、二维多段线、椭圆、椭圆弧、参照线、射线和平面样条曲线等。在实际应用中，常利用"偏移"命令的这些特性创建平行线或等距离分布图形，如图框、标题栏等用偏移命令绘制更快捷。

1. 执行途径

1）工具栏：修改工具栏/"偏移"按钮 。

2）下拉菜单："修改"/"偏移"。

3）命令行：OFFSET（快捷命令：O）。

2．操作说明

执行上述命令后，命令行提示：

- 指定偏移距离或[通过（T）/删除（E）/图层（L）]<通过>：输入偏移的距离。
- 选择要偏移的对象，或[退出（E）/放弃（U）]<退出>：选择要偏移的对象。
- 指定要偏移的那一侧上的点，或[退出（E）/多个（M）/放弃（U）]<退出>：鼠标移至偏移一侧单击，即向那一侧偏移。
- 可以连续偏移或按【Enter】键结束命令。

特别提示

1）指定偏移距离后，先选择要偏移的对象，然后指定偏移方向，如直线可以指定直线的两侧，圆和矩形等封闭图元则指定内侧或外侧。

2）如果"指定偏移距离或[通过（T）/删除（E）/图层（L）]："提示下，在命令行输入T并按【Enter】键，再选择要偏移的对象，然后指定一个通过点，这时偏移出的对象将经过"通过点"。"通过点"一般用对象捕捉选取。

3）如果"指定偏移距离或[通过（T）/删除（E）/图层（L）]："提示下，在命令行输入E并按【Enter】键，系统提示是否删除源对象，即偏移后源对象是保留或删除。

4）偏移命令是一个单对象编辑命令，在使用过程中，只能以直接单击拾取方式选择对象。

5）使用"偏移"命令偏移对象时，偏移结果不一定与源对象相同。例如，对圆弧作偏移后，新圆弧与旧圆弧同心且具有同样的包含角，但新圆弧的弧长要发生改变；对圆或椭圆作偏移后，新圆、新椭圆与旧圆、旧椭圆有同样的圆心，但新圆的半径或新椭圆的轴长要发生变化。对直线段、构造线、射线作偏移，是平行复制。

3．应用示例

例题：绘制图4-14楼梯平面图。

图4-14　楼梯平面图

【操作步骤】

1）执行"直线"和"偏移"命令绘制图4-15轴线。

①打开"正交模式"，绘制横竖两条轴线。

② 执行"偏移"命令，"指定偏移距离："，输入2700并按【Enter】键，"选择要偏移的对象："，点选横向轴线，"指定要偏移的那一侧上的点："，在需要偏移的一侧单击，按【Enter】键结束命令。

③ 继续执行"偏移"命令，"指定偏移距离："，输入5100并按【Enter】键，"选择要偏移的对象："，点选竖向轴线，"指定要偏移的那一侧上的点："，在需要偏移的一侧单击，按【Enter】键结束命令。

2）利用"多线"命令，绘制墙体线和窗线，如图4-16所示。

图4-15 绘制轴线   图4-16 绘制墙体线

3）绘制楼梯扶手：利用"矩形"或"直线"命令和"偏移"命令绘制楼梯扶手。

用"矩形"命令绘制长1830（1750+80=1830）宽140的矩形，用"偏移"命令偏移距离40[（140−60）/2=40]，向矩形内侧偏移。再用"直线"命令绘制如图4-17所示的距离左边竖向轴线1850处的直线AB。

4）使用"偏移"命令绘制图4-18所示的楼梯踏面。

图4-17 绘制楼梯护栏   图4-18 绘制楼梯

① 启动"偏移"命令。

② 指定偏移距离或[通过（T）/删除（E）/图层（L）]：设置偏移距离250并按【Enter】键。

③ 选择要偏移的对象，或[退出（E）/放弃（U）]<退出>：选择直线AB。

④ 指定要偏移的那一侧上的点，或[退出（E）/放弃（U）]：在AB右侧单击，则出现第二条楼梯细实线。

⑤ 选择要偏移的对象，或[退出（E）/放弃（U）]<退出>: 选择偏移出的第二条楼梯线。

⑥ 指定要偏移的那一侧上的点，或[退出（E）/放弃（U）]: 在第二条楼梯线的右侧单击，则出现第三条楼梯细实线。

⑦ 选择要偏移的对象，或[退出（E）/放弃（U）]<退出>: 依此类推，共单击7次。

5）用"分解"命令将矩形分解，再用"修剪"命令，修剪掉矩形内多余的线，得到图4-19。

图4-19　楼梯平面图

4.4　缩放、拉伸和拉长

4.4.1　缩放

缩放命令是指将选择的图形对象按比例均匀地放大或缩小。比例因子大于1对象放大，介于0~1之间的比例因子使对象缩小。

1. 执行途径

1）工具栏：修改工具栏/"缩放"按钮。

2）下拉菜单："修改"/"缩放"。

3）命令行：SCALE（快捷命令：SC）。

2. 操作说明

执行"缩放"命令，命令行提示：

- 选择对象：单击选择要缩放的对象。
- 指定基点：以基点为中心缩放。
- 指定比例因子或[复制（C）/参照（R）]：输入比例因子后即可将对象按比例放大或缩小。建筑常用的比例因子为0.01、0.02等。

3. 参照缩放操作说明

如果用户不能事先确定缩放比例，只知道缩放后的尺寸或缩放后的一个参照，就需要用参照缩放命令。如图4-20a所示，将窗户缩放后AB边长达到AC的长度。

1）执行"缩放"命令，选择对象窗户，指定基点A。

2）在"指定比例因子或[复制（C）/参照（R）]："命令提示下输入R按【Enter】键。

3）在"指定参照长度："命令提示下，单击A点和B点。

4）在"指定新的长度或[点（P）]："命令提示下，单击C点，缩放结果如图4-20b所示。

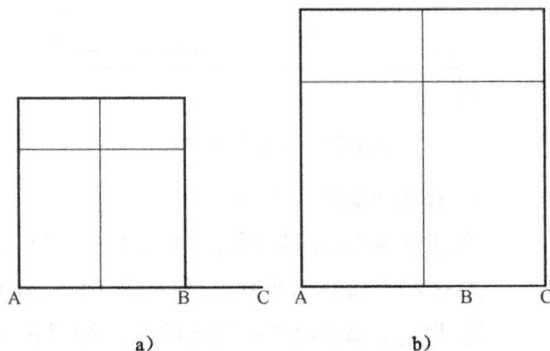

a)　　　　　b)

图4-20　参照缩放

1）建筑图样一般先按1:1比例绘制完成后，再缩放，再标注尺寸，最后将图样移动到图纸内。

2）▣缩放与🔍视口缩放不同。视口缩放只是改变图形对象在屏幕上的显示大小，并不改变图形本身的尺寸；缩放将改变图形本身的尺寸。

4.4.2　拉伸

拉伸命令可以拉伸对象中选定的部分，没有选定的部分保持不变。所以拉伸对象选定方法只能用"窗交"法，即自右向左拉窗口选定的方法，只有将一部分对象框在"窗交"框中，才能拉伸，否则就是移动。

1. 执行途径

1）工具栏：修改工具栏/"拉伸"按钮▣。

2）下拉菜单："修改"/"拉伸"。

3）命令行：STRETCH（快捷命令：S）。

2. 操作说明

对于直线、圆弧、区域填充和多段线等对象，若其所有部分均在选择窗口内，那么它们将被移动，如果它们只有一部分在选择窗口内，则遵循以下拉伸规则：

1）直线：位于窗口外的端点不动，位于窗口内的端点移动。

2）圆弧：与直线类似，但在圆弧改变的过程中，圆弧的弦高保持不变，由此来调整圆心的位置和圆弧起始角、终止角的值。

3）区域填充：位于窗口外的端点不动，位于窗口内的端点移动。

4）多段线：与直线或圆弧类似，但多段线两端的宽度、切线方向以及曲线拟合信息均不改变。

3. 应用举例

例题：如图4-21所示，用"拉伸"命令将图a拉伸成图d或图f。

【操作步骤】

1）单击修改工具栏内的"拉伸"按钮▣。

2）用交叉窗口（由1点拖到2点）选定拉伸对象，如图4-21b所示。

3）指定拉伸的基点（点P）和位移量（线段PR），如图4-21c所示。拉伸结果如图4-21d所示。

4）如果选择方式为图4-21e，则拉伸结果如图4-21f所示。

图4-21　拉伸

a）原图　b）以"窗交"方式选取目标

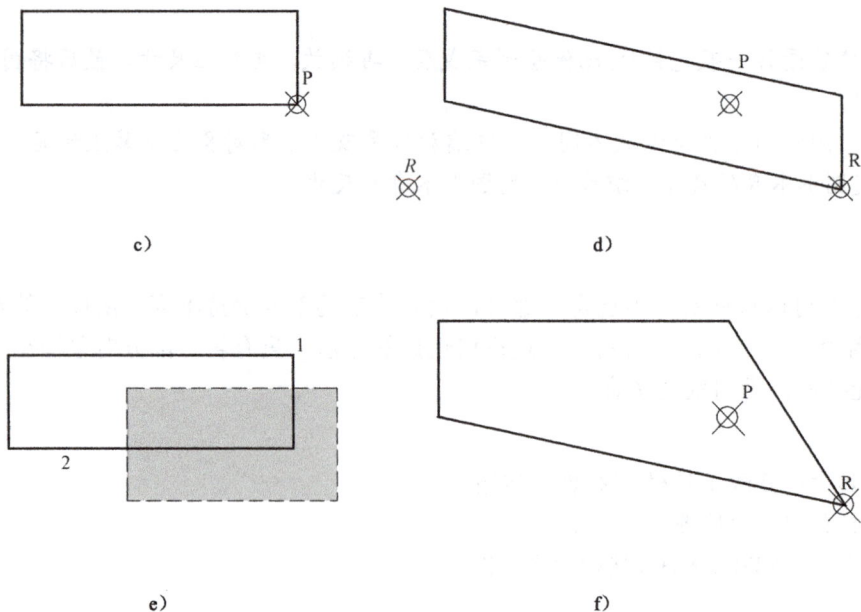

图4-21 拉伸（续）

c）定基点和第二点 d）拉伸结果 e）以"窗交"方式选取目标 f）拉伸结果

4.4.3 拉长

非闭合的直线、圆弧、多段线、椭圆弧和样条曲线的长度可以通过拉长改变，还可以改变圆弧的角度。

1．执行途径

1）下拉菜单："修改"／"拉长"。

2）命令行：LENGTHEN（快捷命令：LEN）。

2．操作说明

执行上述命令，系统提示："选择对象或[增量（DE）/百分数（P）/全部（T）/动态（DY）]："，默认情况下，用户选择对象后，系统会显示出当前选中对象的长度、包含角等信息。其他选项的含义如下：

1）增量（DE）：以增加多少的方式修改对象的长度。

2）百分数（P）：以相对于原长度的百分比来修改直线或者圆弧的长度。

3）全部（T）：以给定直线新的总长度或圆弧的新包含角来改变长度。

4）动态（DY）：允许用户动态地改变圆弧或者直线的长度。

> **特别提示**
>
> 1）拉长只在对象的一端增长，"选择要修改的对象"时鼠标单击对象的哪一端，就在哪一端增长。
>
> 2）增量有正负，增量为正值时拉长，增量为负值时缩短。

4.5 延伸和修剪

延伸命令可以将选定的对象延伸至指定的边界上，修剪命令可以将选定的对象在指定边界一侧的部分剪切掉。

4.5.1 延伸

延伸命令可以将所选的直线、射线、圆弧、椭圆弧、非封闭的二维或三维多段线延伸到指定的直线、射线、圆弧、椭圆弧、圆、椭圆、二维或三维多段线、构造线和区域等的上面。

1. 执行途径

1）工具栏：修改工具栏/"延伸"按钮 ⊸。

2）下拉菜单："修改"/"延伸"。

3）命令行：EXTEND（快捷命令：EX）。

2. 操作说明

1）执行"延伸"命令，第一次提示"选择对象"，选择的应该是延伸到的边界。按【Enter】键后提示"选择要延伸的对象"，此时选择的才是要延伸的对象。

2）使用"延伸"命令时，如果按住【Shift】键同时选择对象，则执行"修剪"命令。使用"修剪"命令时，如果按住【Shift】键同时选择对象，则执行"延伸"命令。

3. 应用示例

例题：将图4-22a窗户中的图案线延伸到窗框，结果如图4-22d所示。

【操作步骤】

1）单击修改工具栏的"延伸"按钮 ⊸。

2）选择对象：即选择延伸边界对象，选择线DE和线GH。

3）选择要延伸的对象：如图4-22b所示分别在A点和B点位置单击，结果如图4-22c所示。

4）延伸中间的铅垂线，需要用到隐含边延伸模式。执行"延伸"命令，延伸边界选线EF。

5）命令行提示"选择要延伸的对象，或按住Shift键选择要修剪的对象，或[栏选（F）/窗交（C）/投影（P）/边（E）/放弃（U）]："，输入E，即选择边（E），命令行提示"输入隐含边延伸模式[延伸（E）/不延伸（N）]<不延伸>："，输入E，即延伸边界EF变成无限长。然后选择延伸对象，在图4-22b中C点位置单击，延伸结果如图4-22d所示。

图4-22 延伸

a）原图 b）选择要延伸对象 c）隐含边延伸 d）结果

4.5.2　修剪

修剪命令中可以修剪的对象包括直线、射线、圆弧、椭圆弧、二维或三维多段线、构造线及样条曲线等。有效的边界包括直线、圆、射线、圆弧、椭圆弧、二维或三维多段线、构造线和填充区域等。

1. 执行途径

1）工具栏：修改工具栏/"修剪"按钮。
2）下拉菜单："修改"/"修剪"。
3）命令行：TRIM（快捷命令：TR）。

2. 操作说明

下面以图4-23为例说明"修剪"命令的操作过程。

【操作步骤】

1）单击修改工具栏中的"修剪"按钮。
2）选择对象：选择剪切边界线。选择两条线作为剪切边，如图4-23b所示，按【Enter】键后结束剪切边的选择。
3）选择要修剪的对象，或按住Shift键选择要延伸的对象，或[栏选（F）/窗交（C）/投影（P）/边（E）/删除（R）/放弃（U）]：选择要修剪的部位，如图4-23c中所示。
4）按【Enter】键完成修剪，结果如图4-23d所示。

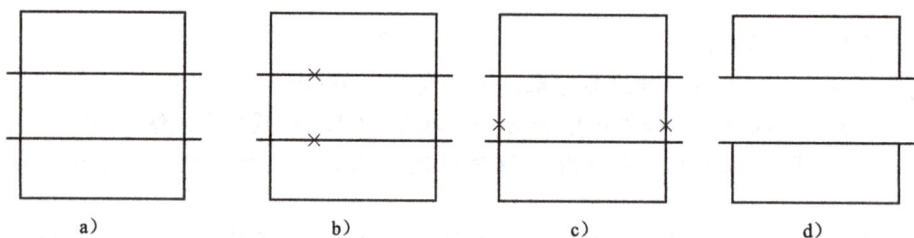

图4-23　剪切

a）原图　b）选择剪切边界　c）选择被剪切边　d）结果

3. 隐含修剪

隐含边延伸是指延伸修剪边界，下面以图4-24为例介绍隐含修剪的方法。

【操作步骤】

1）单击修改工具栏中的"修剪"按钮。
2）选择对象：如图4-24b所示选择并按【Enter】键。
3）选择要修剪的对象，或按住Shift键选择要延伸的对象，或[栏选（F）/窗交（C）/投影（P）/边（E）/删除（R）/放弃（U）]：输入E并按【Enter】键。
4）输入隐含边延伸模式[延伸（E）/不延伸（N）]：输入E选择延伸。
5）选择要修剪的对象，如图4-24c所示选择。
6）完成修剪，结果如图4-24d所示。

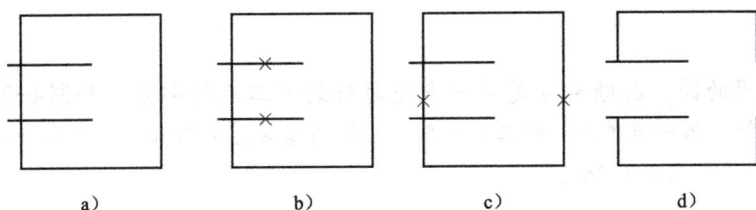

图4-24　修剪隐含交点

a）原图　b）选择隐含修剪边　c）选择被剪切边　d）结果

4.6　打断、合并和分解

4.6.1　打断

打断命令用于打断所选的对象，即将所选的对象分成两部分，或删除对象上的某一部分。该命令作用于直线、射线、圆弧、椭圆弧、二维或三维多段线和构造线等。

1. 执行途径

1）工具栏：修改工具栏/"打断"按钮□。

2）下拉菜单："修改"/"打断"。

3）命令行：BREAK（快捷命令：BR）。

2. 操作说明

1）打断对象时，需确定两个打断点。可以将选择对象时单击的点作为第一个打断点，然后指定第二个打断点，还可以先选择整个对象然后指定两个打断点。

2）如果仅将对象在某点处打断，可直接应用修改工具栏中的"打断于点"按钮□。打断主要用于删除断点之间的对象，因为某些删除操作是不能由"删除"和"修剪"命令完成的，可利用打断操作进行删除。

3. 应用示例

例题：下面以图4-25为例，说明打断命令的操作过程。

【操作步骤】

1）执行"打断"命令。

2）选择对象：选择要打断的对象，如图4-25b所示。

3）指定第二个打断点［第一点（F）］：系统默认指定的第一个打断点就是上一步选择打断对象时鼠标单击的点。指定第二个打断点后，两点之间的线段即被删除。结果如图4-25c所示。

4）如果要重新指定第一个打断点，则在系统提示"指定第二个打断点［第一点（F）］："中输入F并按【Enter】键，指定第一个点，再指定第二个点。

图4-25　打断

a）原图　b）选择要打断的对象　c）打断结果

对于封闭的圆，打断部分是第一点逆时针到第二点的部分。如图4-26a所示，用"打断"命令，第一点选A，第二点选B，打断的结果是4-26b；反之第一点选B，第二点选A，打断的结果是4-26c。

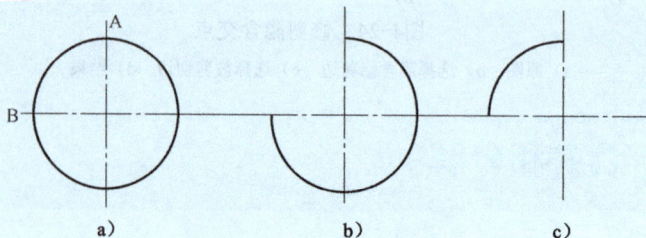

图4-26　打断封闭的圆

4.6.2　打断于点

在修改工具栏中单击"打断于点"按钮，可以将对象在一点处断开成两个对象，该命令是从"打断"命令中派生出来的。

执行该命令时，选择需要被打断的对象，然后指定打断点，即可从该点打断对象。

对于完整的圆，"打断于点"命令不能用。

4.6.3　合并

合并命令可以将某一图形上的两个部分进行连接，或某段圆弧闭合为整圆。

1．执行途径

1）工具栏：修改工具栏/"合并"按钮 ➼。

2）下拉菜单："修改"/"合并"。

3）命令行：JOIN。

2．操作说明

执行上述命令，命令行提示：

● 选择源对象或要一次合并的多个对象：这时选择要合并的某一个或多个对象。

● 选择要合并的对象：按照提示选择另一合并对象。

3．应用示例

例题：如图4-27所示将a两段圆弧分别合并成图4-27b、c、d。

【操作步骤】

1）执行"合并"命令。

2）选择源对象：选择圆弧1。

3）选择要合并的对象：选择圆弧2。按【Enter】键后得到的图形结果如图4-27b所示。

4）如果在选择对象过程中，先选择圆弧2作为源对象，再选择圆弧1作为要合并的对象，合并结果如图4-27c所示。

5）如果在命令行提示"选择要合并的对象："时，直接按【Enter】键，命令行提示"选择圆弧，以合并到源或进行[闭合（L）]："，输入L并按【Enter】键，则圆弧将闭合为圆，如图4-27d所示。

源对象和合并对象是按逆时针合并的。

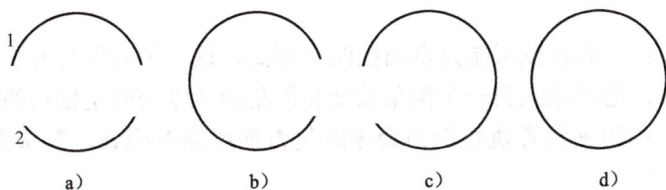

图4-27　圆弧的合并

4.6.4　分解

分解命令主要用于将一个对象分解为多个单一的对象，主要应用于对整体图形、图块、文字、尺寸标注等对象的分解。

1．执行途径

1）工具栏：修改工具栏/"分解"按钮。
2）下拉菜单："修改"/"分解"。
3）命令行：EXPLODE（快捷命令：X）。

2．操作说明

执行"分解"命令后，系统要求选择要分解的对象，选中对象后按【Enter】键即可完成操作。如用"矩形"命令绘制的矩形，是一个整体对象，分解后就变成了四条直线，四个对象。

4.7　倒角和圆角

倒角命令和圆角命令是用选定的方式，通过事先确定的圆弧或直线段来连接两条直线、圆、圆弧、椭圆弧、多段线、构造线，以及样条曲线等。

4.7.1　倒角

倒角是通过延伸（或修剪），使两个非平行的直线类对象相交或利用斜线连接。可以对由直线、多段线、参照线和射线等构成的图形对象进行倒角。

1．执行途径

1）工具栏：修改工具栏/"倒角"按钮。
2）下拉菜单："修改"/"倒角"。
3）命令行：CHAMFER（快捷命令：CHA）。

2．操作说明

执行"倒角"命令，系统提示："选择第一条直线或[放弃（U）/多段线（P）/距离（D）/角度（A）/修剪（T）/方式（E）/多个（M）]："，各个选项的含义如下：

1）放弃（U）：放弃倒角操作。

2）多段线（P）：可以对整个多段线全部执行"倒角"命令。除了选择"多段线"命令绘制的图形对象外，还可以选择"矩形""多边形"命令绘制的图形对象，可以一次性将所有的倒角完成。

3）距离（D）：可以改变或指定倒角的两个距离，这是最常用的方法。

4）角度（A）：通过输入第一个倒角长度和倒角的角度来确定倒角的大小。

5）修剪（T）：用来设置执行倒角命令时是否使用修剪模式，默认是修剪。图4-28是修剪和不修剪的对比。

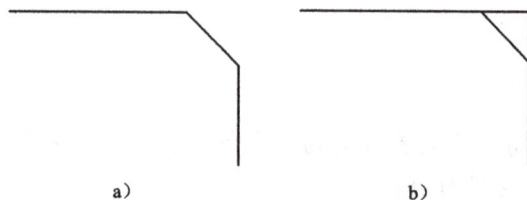

图4-28 是否使用修剪模式效果对比

a）使用修剪模式 b）不使用修剪模式

6）方式（E）：选择修剪的方式是按距离还是角度修剪。

7）多个（M）：可以连续进行多次倒角处理，倒角的大小是一致的。

3．应用示例

例题：如图4-29所示，使用"倒角"命令将图a矩形两对角形成图b所示的40×30的倒角。

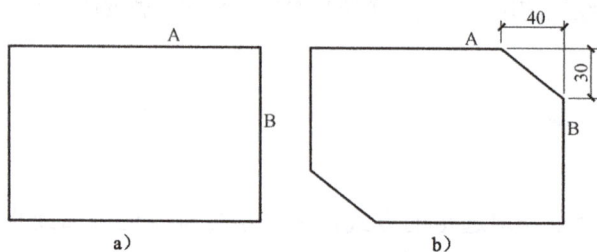

图4-29 给矩形倒角

a）原图 b）结果

【操作步骤】

1）执行"倒角"命令。

2）选择第一条直线或[放弃（U）/多段线（P）/距离（D）/角度（A）/修剪（T）/方式（E）/多个（M）]：输入D选择"距离"选项并按【Enter】键。

3）指定第一个倒角距离<0.0000>：输入第一个倒角距离40并按【Enter】键。

4）指定第二个倒角距离<40.0000>：输入第二个倒角距离30并按【Enter】键。

5）选择第一条直线或[放弃（U）/多段线（P）/距离（D）/角度（A）/修剪（T）/方式

（E）/多个（M）]：拾取A点处直线。

6）选择第二条直线，或按住Shift键选择以应用角点或[距离（D）/角度（A）/方法（M）]：拾取B点处直线。

7）按【Enter】键后再执行"倒角"命令，然后选择下边线，再选择左边线，完成左下方的倒角。

> **特别提示**
>
> 当两个倒角距离都为0时，对于两个相交的对象不会有倒角效果；对于不相交的两个对象，系统会将两个对象延伸至相交，如图4-30所示。

图4-30 倒角距离为0的倒角效果
a）倒角前 b）倒角后

4.7.2 圆角

圆角是通过一个指定半径的圆弧光滑连接两个对象。可以进行圆角的对象有直线、多段线、样条曲线、构造线、射线、圆、圆弧和椭圆。直线、构造线和射线在相互平行时也可倒圆角，圆角半径由AutoCAD自动计算。圆角还可以用来作圆弧连接。

1. 执行途径

1）工具栏：修改工具栏/"圆角"按钮 。

2）下拉菜单："修改"/"圆角"。

3）命令行：FILLET（快捷命令：F）。

2. 操作说明

执行圆角命令，系统提示："选择第一个对象或[放弃（U）/多段线（P）/半径（R）/修剪（T）/多个（M）]："，其中"R（半径）"是通过输入圆角半径来确定圆角的大小。其他选项的含义和倒角命令的类似。

3. 应用示例

例题：使用"圆角"命令完成两个圆弧的连接，如图4-31所示，将图a通过圆弧连接变成图b，连接圆弧的半径分别为9和45。

【操作步骤】

1）执行"圆角"命令。

2）选择第一个对象或[放弃（U）/多段线（P）/半径（R）/修剪（T）/多个（M）]：输入R并按【Enter】键。

3）指定圆角半径<0.0000>：输入圆角半径9并按【Enter】键。

4）选择第一个对象或[放弃（U）/多段线（P）/半径（R）/修剪（T）/多个（M）]：在A点拾取直线。

5）选择第二个对象，或按住Shift键选择对象以应用角点或[半径（R）]：在B点拾取直线，完成R9圆角。

6）按【Enter】键继续执行"圆角"命令。

7）选择第一个对象或[放弃（U）/多段线（P）/半径（R）/修剪（T）/多个（M）]：输入R并按【Enter】键。

8）指定圆角半径<9.0000>：输入圆角半径45并按【Enter】键。

9）选择第一个对象或[放弃（U）/多段线（P）/半径（R）/修剪（T）/多个（M）]：在C点拾取圆弧。

10）选择第二个对象：在D点拾取直线。完成R45圆角，结果如图4-31b所示。

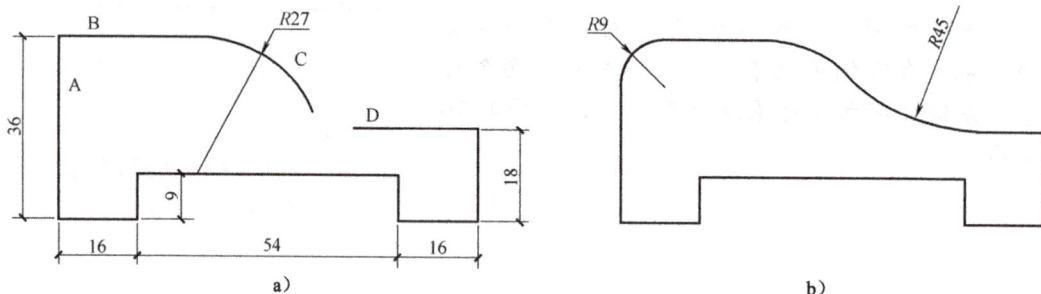

图4-31　圆角的应用

a）原图　b）结果

> **特别提示**
>
> 此题用"圆"命令的"相切，相切，半径"来完成更快捷，但如果要对多个地方进行相同半径的圆角，用"圆角"命令效率更高。

4.8　光顺曲线

光顺曲线是在两条开放曲线的端点之间创建相切或平滑的样条曲线。生成样条曲线的形状取决于选定的连续性。

1．执行途径

1）工具栏：修改工具栏/"光顺曲线"按钮 。
2）下拉菜单："修改"/"光顺曲线"。
3）命令行：BLEND（快捷命令：BL）。

2．操作说明

执行"光顺曲线"命令，系统提示：

● 选择第一个对象或[连续性（CON）]：选择第一条曲线。其中"连续性（CON）"包含相切和平滑两种。
● 选择第二个点：选择第二条曲线。

4.9　编辑对象特性

对象特性包含一般特性和几何特性。对象的一般特性包括对象的颜色、线型、图层及线宽等，几何特性包括对象的尺寸和位置。

4.9.1　特性

1. 执行途径

1）工具栏：标准工具栏/"特性"按钮圖。
2）下拉菜单："修改"/"特性"。
3）命令行：PROPERTIES。
4）快捷命令：Ctrl+1。

2. 操作说明

执行"特性"命令，系统打开"特性"窗口，如图4-32所示。在"特性"窗口中可以浏览、修改对象的特性，也可以通过浏览、修改满足应用程序接口标准的第三方应用程序对象。"特性"窗口显示了当前选择集中对象的所有特性和特性值，当选中多个对象时，将显示它们的共有特性。用户可以修改单个对象的特性、也可快速修改多个对象的共有特性。

图4-32　"特性"窗口

4.9.2　特性匹配

用于将选定特性从一个对象复制给另一个对象或其他更多的对象，就是通常所说的格式刷。

1. 执行途径

1）工具栏：标准工具栏/"特性匹配"按钮圖。
2）下拉菜单："修改"/"特性匹配"。
3）命令行：MATCHPROP。

2. 操作说明

执行"特性匹配"命令后，命令行提示：

- 选择源对象：选择一个特性要被复制的对象。
- 选择目标对象或[设置（S）]：拾取目标对象，把源对象的指定特性复制给目标对象。
- 选择目标对象或[设置（S）]：选择完毕，按【Enter】键。

4.10　夹点编辑

在空命令下，单击选中某图形对象，那么被选中的图形对象就会以虚线显示，而且被选中图形的特征点（如端点、圆心、象限点等）将显示为蓝色的小方框，小方框被称为夹点。

夹点有两种状态：未激活状态和被激活状态。选择某图形对象后出现的蓝色小方框，为未激活状态的夹点，称为冷夹点。如果单击冷夹点，该夹点变红，处于被激活状态，称为热夹点，以被激活的夹点为基点，可以对图形对象执行拉伸、平移、复制、缩放和镜像等基本修改操作。

1．夹点操作

使用夹点编辑功能，可以对图形对象进行各种不同类型的修改操作。其基本的操作步骤是"先选择，后操作"，分为3步：

1）空命令下，单击选择对象，使其出现夹点。

2）单击某个夹点，使其被激活，成为热夹点。

3）命令行根据按【Enter】键次数显示不同提示：

① 拉伸：单击夹点成为热夹点后，命令行提示"指定拉伸点或[基点（B）/复制（C）/放弃（U）/退出（X）]："。

② 移动：单击夹点成为热夹点后，按一次【Enter】键，命令行提示"指定移动点或[基点（B）/复制（C）/放弃（U）/退出（X）]："。

③ 旋转：单击夹点成为热夹点后，按两次【Enter】键，命令行提示"指定旋转角度或[基点（B）/复制（C）/放弃（U）/参照（R）/退出（X）]："。

④ 比例缩放：单击夹点成为热夹点后，按三次【Enter】键，命令行提示"指定比例因子或[基点（B）/复制（C）/放弃（U）/参照（R）/退出（X）]："。

⑤ 镜像：单击夹点成为热夹点后，按四次【Enter】键，命令行提示"指定第二点或[基点（B）/复制（C）/放弃（U）/退出（X）]："。

2．应用示例

例题： 拉伸是夹点编辑的默认操作，以图4-33、图4-34为例说明其操作。

【操作步骤】

1）激活某个夹点成为热夹点。

2）指定拉伸点或[基点（B）/复制（C）/放弃（U）/退出（X）]：直接拉动鼠标，就可以将热夹点拉伸到需要位置，如图4-33所示。

如果不直接拖动鼠标，还可以选择中括号中的选项：

1）基点（B）：选择其他点为拉伸的基点，而不是以选中的夹点为基准点。

2）复制（C）：可以对某个夹点进行连续多次拉伸，而且每拉伸一次，就会在拉伸后的位置上复制留下该图形，如图4-34所示。该操作实际上是拉伸和复制两项功能的结合。

3）其他的移动、旋转、缩放、镜像等命令操作方法大体相同。

图4-33 夹点拉伸　　　　　图4-34 拉伸和复制的结合

特别提示

1）最常用的夹点操作是利用不同位置的夹点的不同默认功能，如直线的三个夹点，两端的夹点可以用来拉伸直线，中间的夹点用来平移直线。再如圆的五个夹点，圆心夹点可以平移圆，四个象限点的夹点用来改变圆的半径。

2）夹点和对象捕捉同时使用有时比修剪、延伸命令更快捷。

4.11 上机指导

1．绘制如图4-35所示的建筑平面图。

绘图思路：该建筑平面图左右对称，可绘制一半，然后用"镜像"命令绘制另一半。先绘制定位轴线，再用"多线"绘制墙线，然后编辑墙线；用"修剪"命令剪切出门窗洞，再用"多线"绘制窗线；最后用"镜像"命令绘制另一半。

一层平面图 1:100

图4-35　建筑平面图

【操作步骤】

1）创建图层如图4-36所示，并创建墙线多线样式、窗线多线样式，注意选用直线封口。

2）绘制一条水平轴线和一条铅垂轴线。然后按照图4-37的尺寸用"偏移"命令绘制其他轴线。

3）命令行输入ML并按【Enter】键执行"多线"命令，样式选择墙线，对正方式选无，比例为240。绘制图4-38a墙线，然后绘制如图4-38b所示内部墙线，注意内部墙线最好一次绘制一条直线，不要连续绘制折线，否则多线编辑不好用。

4）编辑多线。下拉菜单"修改"/"对象"/"多线"，选择"T形合并"。多线编辑效果如图4-38c所示。

图4-36　图层

图4-37　绘制轴线

a)　　　　　b)　　　　　c)

图4-38　绘制墙线

5）修剪门窗洞，绘制窗线。根据图4-35的尺寸，用"偏移"命令偏移轴线如图4-39a所示，该偏移轴线是辅助线，作为修剪窗口的修剪边界。执行"修剪"命令，将偏移轴线间的多线修剪掉，如图4-39b所示。将辅助线删除，执行"多线"命令，样式选择窗线，对正方式选无，比例240，绘制窗线，如图4-39c所示。其他的门窗洞采用相同的处理方式，结果如图4-39d所示。

6）执行"多线"命令，多线样式选墙线，对正方式选下，比例为120，绘制阳台线。用中粗线绘制门开启示意线，如图4-40所示。

7）用"镜像"命令完成全图，并绘制剖切符号和指北针。用"缩放"命令，将图缩放为1:100，书写图名、比例，结果如图4-41所示。

图4-39 修剪门窗洞绘制窗线

图4-40 绘制阳台线

一层平面图 1:100

图4-41 镜像图形

2. 绘制如图4-42所示建筑立面图，其对应的平面图是图4-35。

绘图思路：建筑左右对称，所以先画一半再"镜像"。绘制定位轴线，画外框，再用"阵列"命令绘制门窗。

【**操作步骤**】

1）绘制一条水平线和一条铅垂线，如图4-43a所示，用"偏移"命令绘制轴线1、3、5，水平方向为室外地坪线和勒脚线。

2）用"偏移"命令绘制屋顶线。先用室外地坪线偏移间距为12510的屋顶线，然后再偏移间距为13030的水平辅助线，连接该辅助线同5轴线的交点与3轴线同屋顶线的交点，此斜线为女儿墙的墙顶线，再用"偏移"命令将屋顶线和女儿墙顶线，向下偏移120，结果如图4-43b所示。

3）绘制侧面窗。用"偏移"命令绘制如图4-43c所示的窗户。

4）绘制左侧窗。用"偏移"命令绘制如图4-43d所示的窗户。

5）绘制右侧窗和阳台线。用"偏移"命令绘制如图4-43e所示门窗和阳台。

6）阵列门窗阳台。执行"矩形阵列" ，选择对象为第3）、4）、5）步绘制的门窗和阳台，阵列数为4行1列，行间距为2800，结果如图4-43f所示。

7）镜像成图。执行"镜像"命令，提示选择对象时输入"ALL"全部选定，镜像线为5轴线。镜像结果如图4-43g所示。

8）采用"缩放"命令，缩放比例1:100。书写图名、比例，结果如图4-43g所示。

建筑立面图 1:100

图4-42 建筑立面图

a)   b)   c)

图4-43 建筑立面图

a）绘制轴线 b）绘制外框 c）绘制侧面窗户

d)　　　　　　　　　　　　　　e)　　　　　　　　　　　　　　f)

建筑立面图 1:100

g)

图4-43　建筑立面图（续）

d）绘制左侧窗户　e）绘制右侧窗户　f）阵列窗户　g）镜像成图

3. 绘制图4-44建筑剖面图。其平面图为图4-35，立面图为图4-42。

绘图思路：先绘制轴线和楼层线，然后绘制墙线和楼板线，再绘制门窗和楼梯，最后绘制阳台。

【操作步骤】

1）设置图层和多线样式。开启"正交模式"，绘制一条水平方向定位轴线（楼层线），绘制一条铅垂方向定位轴线，如图4-45a所示尺寸偏移辅助线。

2）开启"对象捕捉"，执行"多线"命令绘制墙线和楼板线；用"修剪"命令剪切出窗洞；执行"多线"命令绘制窗线；将顶层墙线"分解"，绘制檐口线，如图4-45b所示。楼板线也可以用"阵列"命令绘制。

1—1剖面图1:100

图4-44 建筑剖面图

a)

图4-45 绘制墙线和楼面线

a）绘制轴线

图4-45　绘制墙线和楼面线（续）

b）绘制墙线和楼面线

3）根据图4-46a所示尺寸绘制一楼的门窗，用"阵列"命令绘制其他楼层的。执行"阵列"命令，选择门和窗作为阵列对象，4行1列，行间距为2800，阵列结果如图4-46b所示。

a）

图4-46　绘制门窗

a）绘制一楼的门窗

图4-46　绘制门窗（续）

b）阵列门窗

　　4）绘制楼梯。二楼和三楼的楼梯是完全相同的，只绘制一层、二层的楼梯，三层的用复制。根据图4-47a尺寸，用"偏移"命令绘制图4-47b所示楼梯梯段定位线。根据底层楼梯踏面宽度为250，踢面高度为150绘制底层楼梯。如图4-47c所示分别用"偏移"命令绘制踏步辅助线，水平线偏移距离是150，铅垂线偏移距离是250。执行"直线"命令，用"对象捕捉"绘制底层楼梯，如图4-47d所示。相同的方法绘制一楼楼梯如图4-47e所示。楼梯板的画法，如图4-47f所示在踏步首尾连线，执行"偏移"命令将该连线向下偏移89，如图4-47g所示。相同的方法绘制二楼楼梯，如图4-47h所示。

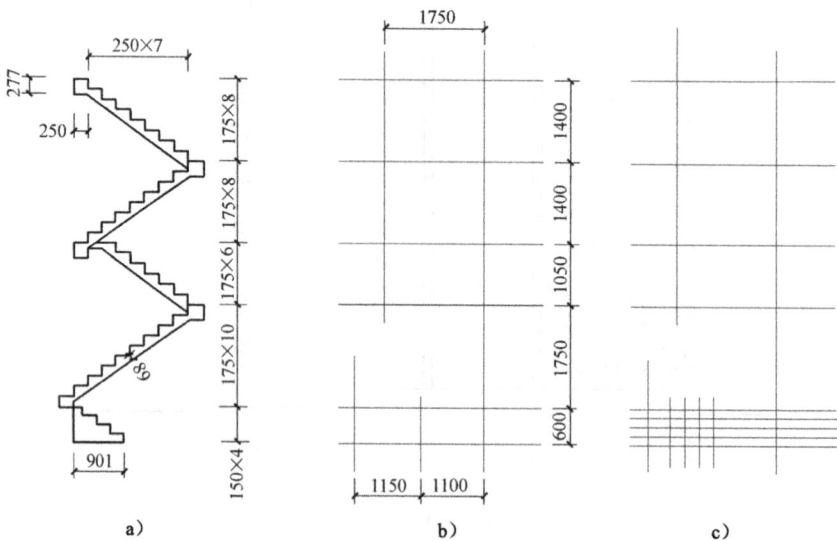

a）　　　　　　　　　　b）　　　　　　　　　　c）

图4-47　绘制楼梯

a）楼梯尺寸　b）绘制楼层定位线　c）绘制楼梯定位线

d)   e)   f)   g)

h)   i)   j)

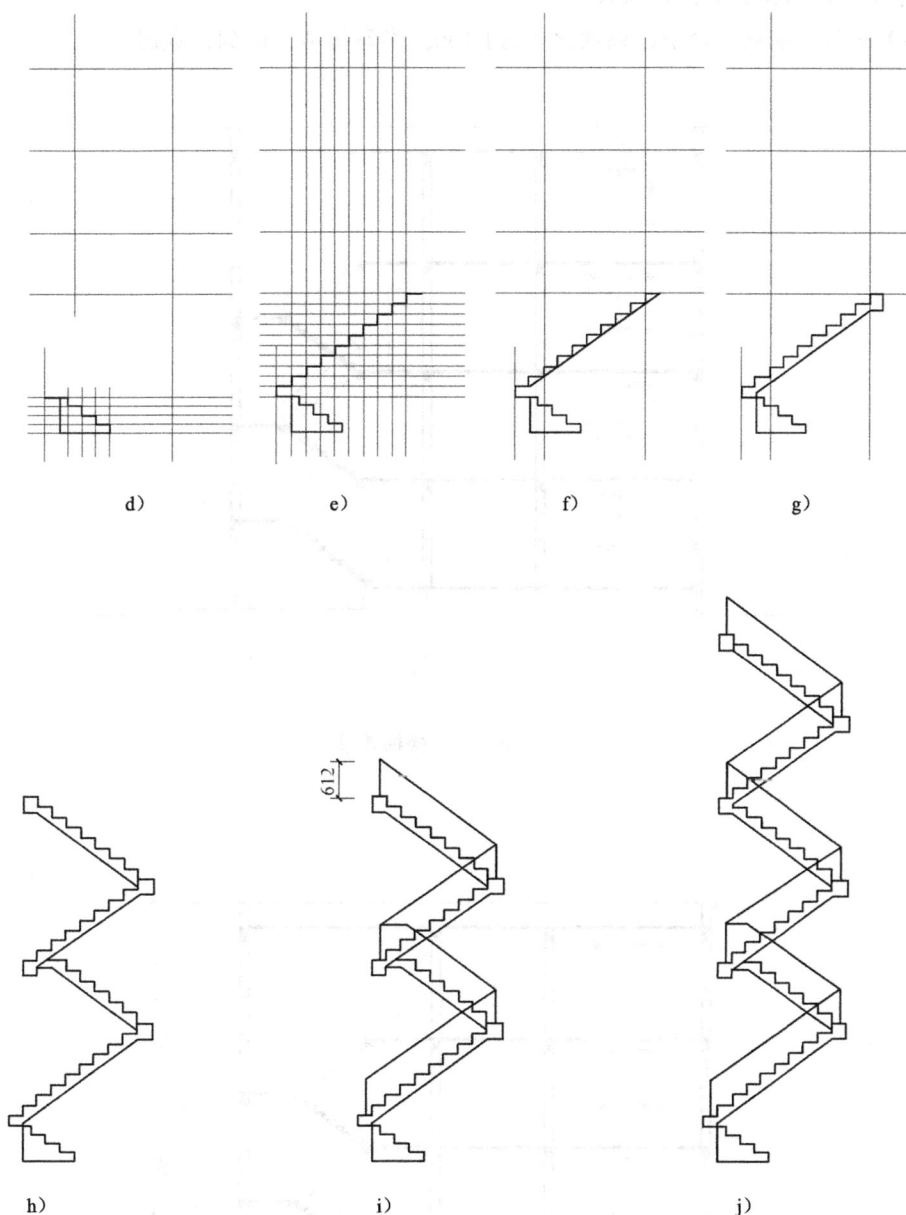

图4-47 绘制楼梯（续）

d）绘制底层楼梯 e）绘制一楼楼梯踏步 f）绘制楼梯板辅助线 g）绘制楼梯板 h）绘制二楼楼梯
i）绘制楼梯扶手 j）绘制三楼楼梯

5）绘制楼梯扶手。根据图4-47i尺寸用"直线"命令绘制楼梯扶手。

6）绘制三楼楼梯。执行"复制"命令，将二楼楼梯复制到三楼，如图4-47j所示。最后的楼梯效果如图4-48所示。

7）图案填充。钢筋混凝土的材料图例是"SOLID"涂黑。

8）绘制阳台。用"偏移"命令绘制阳台定位线，根据图4-49尺寸绘制二层阳台。执行"复制"命令将二层阳台复制给其他楼层，复制效果如图4-50所示。因顶层和一层阳台高度尺寸不同，根据图4-51修改尺寸。

9）采用"缩放"命令，缩放比例为1:100。书写图名、比例，成图。

图4-48　楼梯效果

图4-49　绘制阳台线

图4-50 复制阳台

1—1剖面图 1:100

图4-51 调整阳台尺寸

4.12 操作练习

1. 绘制图4-52～图4-57所示的平面图形。

图4-52 旋转楼梯平面图

图4-53 花饰图案

图4-54 门洞立面

图4-55 桥洞立面

图4-56 路徽

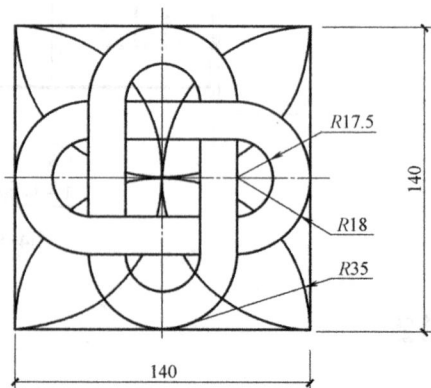

图4-57 装饰图

2．绘制图4-58～图4-60所示的楼梯图。

图4-58 楼梯标准层平面图

图4-59 楼梯剖面图

图4-60 楼梯剖面图

3．绘制图4-61～图4-64所示的房屋建筑图，不需标注尺寸。

一层平面图1:100

图4-61　平面图

12.200
11.200
9.600
8.300
6.700
5.400
3.800
2.500
0.900
±0.000
−0.200
−2.200
−2.500

① ~ ⑨轴立面图 1:100

图4-62 立面图

12.200
9.750
8.150
6.850
5.250
3.950
2.350
±0.000
−2.500

2%   11.600   2%
3/15
8.700
7.250
5.800
4.350
2.900
1.450
±0.000
−2.200
2/15
1/15

100
500
400
11.200
2500
400
8.300
2500
400
5.400
2500
400
2.500
2500
200
−0.200
2000
−2.500
300

12.200
11.200

1200   5400   2100   4800   1500

Ⓗ Ⓖ   Ⓓ Ⓒ   Ⓐ

剖面图 1:100
图4-63 剖面图

图4-64　详图

第5章 文字与表格

教学目标与任务

通过对本章的学习，读者应学会根据实际绘图需要设置合适的文字样式和表格样式，并将所设置的文字样式和表格样式添加到工程图中，而且能进行编辑和修改。

教学重点与难点

- 设置文字样式
- 应用文字样式
- 编辑文字
- 设置表格样式
- 应用表格样式

工程图中不仅有图形，还包含有文字和表格，例如标题栏和钢筋表等。AutoCAD提供了非常强大的文字注写及编辑功能和绘制表格功能。但AutoCAD默认的文字样式并不符合国家制图标准的要求，所以需要创建并设置文字样式。

5.1 创建文字样式

在注写文字之前，应先创建几种常用的文字样式，需要时从这些文字样式中进行选择即可。文字都有与它关联的样式，输入文字时，系统使用的是当前样式设置的字体、字号、角度、方向和其他特性。

1. 执行途径

1）工具栏：样式工具栏/"文字样式"按钮 A。
2）下拉菜单："格式"/"文字样式"。
3）命令行：STYLE。
4）文字工具栏：按钮 A。

2. 操作说明

单击样式工具条 A 或文字工具栏（把鼠标放在任意工具栏上单击右键，选中"文字"，弹出图5-1的文字工具栏）的 A，创建新文字样式，出现图5-2所示的"文字样式"对话框来设置和预览文字样式。

图5-1　文字工具栏

a)

b)

图5-2 "文字样式"对话框

（1）"文字样式"对话框说明

1）执行"文字样式"命令后，弹出如图5-2所示"文字样式"对话框。在该对话框的左侧窗显示的是原有的Standard文字样式和新创建的文字样式。

2）"字体"选区用来设置所用字体："字体名"下拉窗，选择所用字体。一般先取消勾选"使用大字体"，然后用字体下拉窗选择，汉字一般选择"仿宋_GB2312"字体，字母和数字一般选择"gbeitc.shx"字体。

3）"大小"选区用来设置所用字体的大小。"注释性"复选框设定文字是否为注释性对象。"高度"用来设置字体的高度。通常将字体高度设为0，这样在文字输入时，系统会提示输入字体的高度，而且在尺寸标注中的尺寸数字也会随全局比例因子缩放。

4）"效果"选区用来设置字体的显示效果，包括颠倒、反向、垂直、宽度因子和倾斜角度。通过勾选相应的选框来进行设置，同时在预览框中显示效果。其中"宽度因子"即宽度比例，默认值是1，按照制图标准，长仿宋字宽度比例应该是0.7。"倾斜角度"直体是0，斜体是15。

（2）创建汉字文字格式示例

1）在图5-2"文字样式"对话框中单击"新建"按钮，弹出"新建文字样式"对话框。

2）在"新建文字样式"对话框中输入新文字样式名"汉字"，单击"确定"按钮。

3）在"文字样式"对话框的"字体"栏内，取消勾选"使用大字体"，单击"字体名"下拉列表框，选中"仿宋_GB2312"字体，如图5-2所示。

4）在"文字样式"对话框的"高度"栏内设置字体的高度为5，即5号字，其字高是5毫米。

5）在"效果"区内设置字体的有关特性。因国标规定汉字字体是长仿宋字，所以"宽度因子"为0.7，如图5-2所示。

6）单击"应用"按钮保存新设置的文字样式，并单击"置为当前"，这样"汉字"就是当前文字样式。

（3）创建字母数字文字格式示例

1）在"文字样式"对话框中单击"新建"按钮，弹出"新建文字样式"对话框。

2）在"新建文字样式"对话框中输入新文字样式名"字母数字"，单击"确定"按钮。

3）在"文字样式"对话框的"字体"栏内，单击"字体名"下拉列表框，选中"gbeitc.shx"字体，如图5-3所示。

4）在"文字样式"对话框的"高度"栏内设置字体的高度为0。因为字母数字主要用在尺寸标注中，文字的高度可以在"标注样式"中设定，在尺寸标注设置中设置文字高度的好处是，如果"标注样式"设置中使用了全局比例因子，则尺寸数字和尺寸起止符号等一起随比例缩放，如果在"文字样式"设置中设定了文字高度，则标注全局比例因子对尺寸数字不起作用。

5）在"效果"区内设置字体的有关特性。"宽度因子"为1，"倾斜角度"为0，如图5-3所示。

图5-3 创建字母数字文字样式

6）单击"应用"按钮保存新设置的文字样式。

5.2 修改文字样式

设置过的文字样式，可以利用"文字样式"对话框进行修改。修改现有样式的字体或方向，使用该样式的所有文字将随之改变并重新生成。修改文字的高度、宽度因子和倾斜角度不会改变现有的文字，但会改变以后创建的文字对象。

修改文字样式的步骤如下：

1）执行"格式"/"文字样式"命令，弹出"文字样式"对话框。

2）在"样式"列表框中选择一个要修改的文字样式名。

3）在"字体""大小"或"效果"栏内修改任意选项，在预览区内可以直接观察到文字样式的修改结果。

4）单击"应用"按钮，即可保存新的设置，且当前样式会更新图形中的文字。

5.3 注写文字

当注写较少的文字时可使用单行文字，注写较多的文字时可使用多行文字。一般选用多行文字。

5.3.1 注写单行文字

该命令用于在图中注写一行或多行文字。每行文字是一个单独的对象，可对其进行重新定位、调整或其他修改。

1. 执行途径

1）工具栏：文字工具栏/单行文字按钮AI。

2）下拉菜单："绘图"/"文字"/"单行文字"。

3）命令行：DTEXT或TEXT。

2. 操作说明

输入命令后，命令行提示："指定文字的起点或[对正（J）/样式（S）]："，指定文字输入的起点，其余各选项的含义如下：

1）对正（J）：该选项用于确定文字的对正方式。执行该选项后，系统提示："输入选项：[对齐（A）/布满（F）/居中（C）/中间（M）/右对齐（R）/左上（TL）/中上（TC）/右上（TR）/左中（ML）/正中（MC）/右中（MR）/左下（BL）/中下（BC）/右下（BR）]："，各选项的含义如下：

① 对齐（A）：用于确定文字基线的起点和终点。AutoCAD调整文字高度使其位于两点之间，如图5-4所示。

② 布满（F）：用于确定文字基线的起点和终点。AutoCAD在保证原指定的文字高度情况下，自动调整文字的宽度以适应指定两点之间均匀分布，如图5-5所示。

图5-4 单行文字命令中的"对齐"选项   图5-5 单行文字命令中的"布满"选项

③ 居中（C）：用于确定文字基线的中心点位置。

④ 中间（M）：用于确定文字的中间点位置。

⑤ 右对齐（R）：用于确定文字基线的右端点位置。

其他选项的内容及含义，请结合图5-6理解和使用。

图5-6 文字的对正方式

2）样式（S）：该选项用于设置定义过的文字样式。即在命令行输入当前图形中的一个已经定义的文字样式名，并将其作为当前文字样式。

当命令行要求指定文字的旋转角度时，如果输入非零角度，则文字与X轴成一定角度。

5.3.2 注写多行文字

在工程图中注写文字常用多行文字命令。多行文字由任意数目的单行文字或段落组成。无论文字有多少行，每段文字构成一个图元，可以对其进行移动、旋转、删除、复制、镜像、拉伸或缩放等编辑操作。多行文字有更多编辑项，可用下划线、字体、颜色和文字高度来修改段落。

1. 执行途径

1）工具栏：绘图工具栏或文字工具栏/"多行文字"按钮A。
2）下拉菜单："绘图"/"文字"/"多行文字"。
3）命令行：MTEXT（快捷命令：T或MT）。

2. 操作说明

执行"多行文字"命令后，命令行提示："指定对角点或[高度（H）/对正（J）/行距（L）/旋转（R）/样式（S）/宽度（W）/栏（C）]："共有7个选项。各选项的含义如下：

1）高度（H）：用于确定标注文字框的高度，用户可以在屏幕上拾取一点，该点与第一角点的距离即为文字的高度，或者在命令行中输入高度值。
2）对正（J）：用于确定文字的排列方式。
3）行距（L）：用于确定多行文字对象行与行之间的间距。
4）旋转（R）：用于确定文字倾斜角度。
5）样式（S）：用于确定文字字体样式。
6）宽度（W）：用于确定标注文字框的宽度。
7）栏（C）：用于动态、静态或不分栏的设定。

设置好以上选项后，系统都要提示"指定对角点"，此选项用来确定标注文字框的对角点，即拉一个矩形框，AutoCAD将在这两个对角点形成的矩形区域中进行文字标注，矩形区域的宽度就是所标注文字区的宽度。

3. 多行文字编辑器

当指定了对角点之后，弹出如图5-7所示的多行文字编辑器，分为文字输入区和"文字格式"工具栏两部分。布局和功能与办公软件Microsoft Word非常类似。

图5-7 多行文字编辑器

文字输入区配有标尺，可以方便地利用标尺制表和缩进。拖动滑条 █ 和 ↓ 可以轻松改变文字区的大小。

在文字输入区的上方还有一个"文字格式"工具栏，如图5-7所示。该工具栏用来控制文字字符格式，其选项从左到右依次为字体名、字体、字高、粗体、斜体、删除线、下划线、上划线、放弃、重做、堆叠、颜色及标尺等。各选项的含义如下：

1）字体名：当前文字样式的名字。

2）字体：选择了字体样式，字体自动关联出现。

3）字高：这是一个文字编辑框，也是一个下拉列表框，为当前文字的高度。可以在此输入或选择一个高度值作为当前文字的高度。

4）粗体：选择该按钮将使当前文字变成粗体字。

5）斜体：选择该按钮将使当前文字变成斜体字。

6）删除线：选择该按钮将使当前文字中部加上一条删除线。

7）下划线：选择该按钮将使当前文字加上一条下划线。

8）上划线：选择该按钮将使当前文字加上一条上划线。

9）放弃/重做：选择该按钮，将撤销和恢复最近一次编辑操作。

10）堆叠：选择 ↳ 按钮，可将含有"/"符号的字符串文字以该符号为界，变成分式形式表示；可将含有"^"符号的字符串文字以该符号为界，变成上下两部分，其间没有横线，如图5-8所示。堆叠的方法是先选中要堆叠的文字，后单击"堆叠"按钮。如果选中已堆叠的文字后单击此按钮，则文本恢复到非堆叠的形式。

$$1/2 \quad \frac{1}{2} \qquad 1 \, {}^2 \quad \frac{1}{2}$$
a)   b)

图5-8　文字堆叠

11）颜色：这是一个下拉列表框，用来设置当前文字的颜色。

12）标尺：选择该按钮将显示或隐藏标尺。

在编辑框中右击鼠标，弹出如图5-9所示的快捷菜单，在该菜单中选择相应的命令也可对文字各参数进行相应的设置。如选择"符号"命令或单击图5-7"文字格式"对话框中的 @▾ 按钮后，弹出图5-10a"符号"级联菜单，用户可以选择各种特殊符号的输入方法，如果没有合适的特殊符号，用户还可以在级联菜单中选择"其他"命令，弹出如图5-10b所示的"字符映射表"对话框。在该对话框中，用户可以选择合适的特殊符号。

在实际绘图时，有时需要绘制一些特殊字符以满足工程制图的需要。由于这些特殊字符不能直接从键盘输入，为此AutoCAD提供了控制码来实现，控制码是两个百分号"%%"。常用的控制码如下：

1）%%O：打开或关闭文字上划线。

2）%%U：打开或关闭文字下划线。

3）%%D：标注度（°）。

4）%%P：标注正负公差（±）。

5）%%%：标注百分号（%）。

6）%%C：标注直径（φ）。

例如：在注写文字时输入以下内容：60%%D%%C58%%P0.003，显示的结果是：
60°φ58±0.003。

全部选择 (A)	Ctrl+A
剪切 (T)	Ctrl+X
复制 (C)	Ctrl+C
粘贴 (P)	Ctrl+V
选择性粘贴	▶
插入字段 (L)...	Ctrl+F
符号 (S)	▶
输入文字 (I)...	
段落对齐	▶
段落...	
项目符号和列表	▶
分栏	▶
查找和替换...	Ctrl+R
改变大小写 (H)	▶
自动大写	
字符集	▶
合并段落 (O)	
删除格式	▶
背景遮罩 (B)...	
编辑器设置	▶
帮助	F1
取消	

度数 (D)	%%d
正/负 (P)	%%p
直径 (I)	%%c
几乎相等	\U+2248
角度	\U+2220
边界线	\U+E100
中心线	\U+2104
差值	\U+0394
电相角	\U+0278
流线	\U+E101
恒等于	\U+2261
初始长度	\U+E200
界碑线	\U+E102
不相等	\U+2260
欧姆	\U+2126
欧米加	\U+03A9
地界线	\U+214A
下标 2	\U+2082
平方	\U+00B2
立方	\U+00B3
不间断空格 (S)	Ctrl+Shift+Space
其他 (O)...	

a)

图5-9　快捷菜单　　　　图5-10　"符号"级联菜单

4．应用示例

例题：绘制标题栏并注写文字，如图5-11所示。

图5-11　绘制标题栏并注写文字示例

【操作步骤】

1）用"矩形""偏移""剪切"命令绘制标题栏，如图5-12所示。

2）创建"汉字"文字样式，字体是长仿宋，字高是5，宽度因子是0.7。

3）单击绘图工具栏/"多行文字"按钮A，命令行提示"指定第一角点："，鼠标左键单击A点，命令行提示"指定对角点："，鼠标左键单击B点，如图5-13所示。

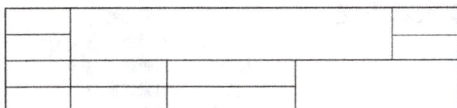

图5-12　绘制标题栏　　　　图5-13　确定A、B两点

4）在弹出的"文字格式"对话框里，选择"汉字"文字样式，字高改为7。点 按钮选择"正中"对正，输入汉字"平面图形"，单击"确定"，如图5-14所示。

图5-14　注写平面图形

5）同样方法注写"青岛理工大学"，字高为7；注写"审核"，字高为5，如图5-15所示。同样方法注写其他的文字，结果如图5-11所示。

图5-15　注写文字

5.4 编辑文字

一般来说，文字编辑应涉及两个方面，即修改文字内容和文字特性。

可以用"特性"命令编辑文字。该命令可修改各绘图实体的特性，也用于修改文字特性，可修改文字的颜色、图层、线型、内容、高度、旋转角、对正模式、文字样式等。

1．执行途径

1）工具栏：标准工具栏/"特性"按钮。

2）下拉菜单："修改"/"特性"。

3）命令行：PROPERTIES。

> **特别提示**
>
> 最简单的是在已书写的文字上双击，进入输入状态进行编辑。

2．操作说明

1）执行"特性"命令，弹出图5-16所示的"特性"对话框。若选择一个实体，对话框中将列出该实体的详细特性以供修改；若选择多个实体，对话框中将列出这些实体的共有特性以供修

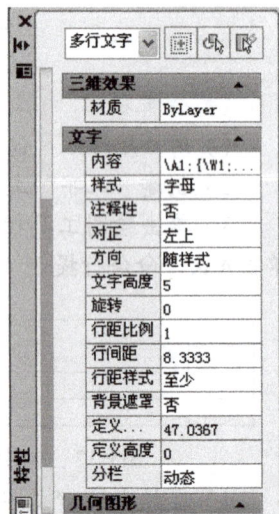

图5-16　"特性"对话框

改。修改的具体方法是：选定文字，在图5-16对话框中找到对应的字高、旋转角、宽度因子、倾斜角、样式、对齐等特性，单击即可修改。

2）修改完一处后，应按一次【Esc】键退出对该实体的选定，再选择另一实体进行修改。

3）要修改文字内容，需要在文字上双击，进入文字编辑对话框，在此修改文字内容。

特别提示

在图5-15标题栏注写完"审核"后，以文字中心为基点，用"复制"命令，将"审核"复制到其他地方，然后分别双击修改文字内容，此方法注写标题栏文字更快捷，也是在多个地方注写文字最常用的方法。

5.5 绘制表格

从AutoCAD 2006版开始，用户可以使用新增的创建表格命令自动生成数据表格，取代了先前利用绘制线段和文本来创建表格的方法。

5.5.1 创建表格样式

用户不仅可以直接使用软件默认的格式制作表格，还可以根据自己的需要自定义表格。

1. 执行途径

1）工具栏：样式工具栏/"表格样式"按钮。

2）下拉菜单："格式"/"表格样式"。

2. 操作说明

1）执行"表格样式"命令，打开如图5-17所示的"表格样式"对话框。

2）在对话框中单击"新建"按钮，打开如图5-18所示的"创建新的表格样式"对话框，在对话框的"新样式名"文本框中输入样式名称。

3）单击"继续"按钮，将打开"新建表格样式"对话框，如图5-19所示。

4）分别在"新建表格样式"对话框的"数据""表头"和"标题"等选项卡进行相应的参数设置。

5）样式设置完毕后，单击"确定"按钮，返回到"表格样式"对话框。此时在对话框的"样式"列表框中将显示创建好的表格样式。

图5-17 "表格样式"对话框

图5-18 "创建新的表格样式"对话框

图5-19 "新建表格样式"对话框

5.5.2 插入表格

1. 执行途径

1）工具栏：绘图工具栏/"表格"按钮▦。

2）下拉菜单："绘图"/"表格"。

2. 操作说明

执行"表格"命令，打开"插入表格"对话框，如图5-20所示。在对话框中用户可以设置表格的样式、列宽、行高，以及表格的插入方式等。

图5-20 "插入表格"对话框

"插入表格"对话框中的各选项功能如下：

1）"表格样式"下拉列表框：用来选择系统提供的或用户已经创建好的表格样式。

2）"指定插入点"单选按钮：可以在绘图窗口中的某点插入固定大小的表格。

3）"指定窗口"单选按钮：可以在绘图窗口中通过拖动表格边框来创建任意大小的表格。

4）"列和行设置"选项区域：设定表格"列数""列宽""数据行数"和"行高"等。

5.6 上机指导

例题：绘制图5-21大理石地面详图，并添加文字说明。

【操作步骤】

1）绘制多层结构分隔线，如图5-22所示。

用"直线"命令绘制一条水平线，然后通过"偏移"命令，分别指定偏移距离20、30、50、100得到另外的四条线。

2）填充图案，如图5-23所示。

图5-21 大理石地面详图   图5-22 多层结构分隔线   图5-23 填充图案

先在两侧绘制两条直线，使每一层为封闭区域。素土夯实用"直线"绘制，然后利用"复制"命令进行复制；灰土填充"AR-SAND"图案，比例为0.3；混凝土填充"AR-CONC"图案，比例为0.3；素水泥浆填充"AR-SAND"图案，比例为0.5；大理石地面用直线绘制分隔线。最后删除两侧的辅助线。

3）绘制多层结构索引线，并使用文字输入命令注写结构材料说明，如图5-24所示。

4）使用"阵列"命令复制其余结构层材料说明文字及水平索引线，在"阵列"对话框中，选择"矩形阵列"选框，其中行数为7，列数为1，行偏距为30，列偏移为0，阵列角度为0，执行"阵列"命令后的结果如图5-25a所示，或者直接用"复制"命令绘制；然后双击文字进行编辑，结果如图5-25b所示。

素土夯实

素土夯实
素土夯实
素土夯实
素土夯实
素土夯实
素土夯实
素土夯实

大理石面层
素水泥浆结合层
30厚1:2干硬水泥砂浆找平层
素水泥浆一道
素混凝土垫层
100厚灰土
素土夯实

a)   b)

图5-24 绘制索引线并输入一行单行文字   图5-25 输入其余结构层的材料说明文字

5.7 操作练习

1. 绘制图5-26所示的建筑平面图并注写文字和门窗编号。

底层平面图 1:100

图5-26 建筑平面图

图5-27 标题栏要求

2．绘制图5-27所示的标题栏及文字。

3．绘制图5-28所示的阳台详图。

4．绘制图5-29所示的墙身详图。

5．绘制图5-30所示的节点剖面详图。

6．绘制图5-31～图5-34所示的传达室。

南阳台三～五层平面图 1:50

图5-28 阳台详图

2—2 剖面图 1:50

图5-29 墙身详图

贴TS-C防水卷材，摊铺黏结粒径3~6绿豆砂一层

20厚1:3水泥砂浆找平，刷冷底子油一度

1:8水泥炉渣找坡2%最薄处100厚

冷底子油一度，热沥青隔汽层一度

20厚1:3水泥砂浆找平

100厚现浇钢筋混凝土板

防腐木砖

铁篦

2%

图5-30　节点剖面详图

①~③轴立面图

No	传达室立面图	成绩
M1:100		
制图	青岛理工大学 班级	
审核		

图5-31　传达室正立面图

No		传达室侧立面图	成绩
M1:100			
制图		青岛理工大学 班级	
审核			

图5-32　传达室侧立面图

No		传达室平面图	成绩
M1:100			
制图		青岛理工大学 班级	
审核			

图5-33　传达室平面图

图5-34　传达室剖面图

第6章 标注尺寸

教学目标与任务

通过对本章的学习，读者应掌握设置和修改尺寸标注样式的方法，利用已经设置的标注样式结合各种标注方法对图形标注尺寸。

教学重点与难点

- 设置线性尺寸标注样式
- 设置径向尺寸标注样式
- 设置角度尺寸标注样式
- 编辑尺寸标注

尺寸是工程图中不可缺少的一项内容，工程图中的图形只用来表示工程形体的形状，而工程形体的大小是靠尺寸来说明的，所以工程图中的尺寸必须标注得正确、完整、清晰、合理。

工程图中尺寸标注包括尺寸界线、尺寸线、尺寸起止符号、尺寸数字4个要素，如图6-1所示。

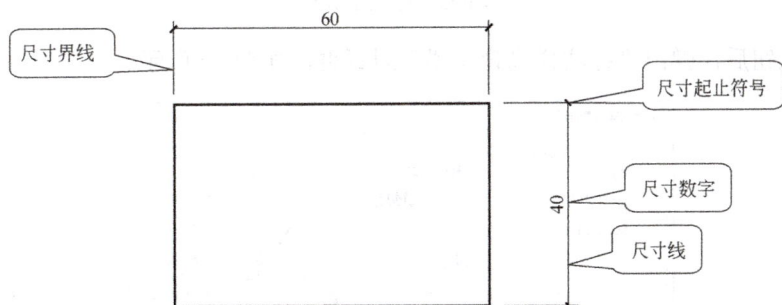

图6-1 尺寸标注4个要素

工程图中的尺寸标注必须符合制图标准。目前各国制图标准有许多不同之处，我国各行业制图标准中对尺寸标注的要求也不完全相同。AutoCAD是一个通用的绘图软件包，它允许用户根据需要自行创建尺寸标注样式。所以在AutoCAD中标注尺寸，首先应根据制图标准创建所需要的尺寸标注样式。尺寸标注样式控制尺寸4要素包括尺寸界线、尺寸线、尺寸起止符号、尺寸数字的外观与方式。因此，本章将直接叙述如何使用"尺寸标注样式管理器"对话框来创建和修改尺寸标注样式以及怎样进行尺寸标注。

创建了尺寸标注样式后，就能很容易地进行尺寸标注。AutoCAD可标注直线尺寸、角度尺寸、直径尺寸、半径尺寸及公差等。例如要对图6-2所示的矩形长度进行标注，可通过选取矩形的两个角的端点，即选定尺寸界限的第"1"起点和第"2"起点，如不改变内测尺寸值，再指定决定尺寸线位置的第"3"点，即可完成标注。也就是标注一个尺寸只要点三次鼠标就完成了。

图6-2　矩形长度进行标注

6.1　创建尺寸标注样式

尺寸标注样式的创建，是通过一组尺寸变量的合理设置来实现的。

1. 执行途径

1）工具栏：标注工具栏或样式工具栏/"标注样式"按钮。
2）下拉菜单："标注"/"标注样式"。
3）命令行：DIMSTYLE（快捷命令：DDIM）。

2. 操作说明

标注工具栏是进行尺寸标注最快捷的方式，所以在绘制工程图进行尺寸标注时应将该工具栏弹出放在绘图区旁。弹出标注工具栏的方法是将鼠标放在任一工具栏上，单击鼠标右键，弹出菜单，选定"标注"，工具栏如图6-3所示。

图6-3　标注工具栏

单击按钮后，弹出"标注样式管理器"对话框，如图6-4所示。

图6-4　"标注样式管理器"对话框

3．标注样式管理器

1）创建新的尺寸标注样式就应首先理解"标注样式管理器"对话框中各标签的含义。"标注样式管理器"对话框的主要功能包括：预览尺寸标注样式、创建新的尺寸标注样式、修改已有的尺寸标注样式、设置一个尺寸标注样式的替代、设置当前的尺寸标注样式、比较尺寸标注样式、重命名尺寸标注样式和删除尺寸标注样式等。

2）在"标注样式管理器"对话框中，"当前标注样式"区域用于显示当前的尺寸标注样式。"样式"列表框中显示了文件中所有的尺寸标注样式。用户在"样式"列表框中选择了合适的标注样式后，单击"置为当前"按钮，即可将选择的样式置为当前。

3）单击"新建"按钮，弹出"创建新标注样式"对话框；单击"修改"按钮，弹出"修改标注样式"对话框，此对话框用于修改尺寸标注样式的设置；单击"替代"按钮，弹出"替代当前样式"对话框，在该对话框中，用户可以设置之后的尺寸标注样式。

4．创建新标注样式

1）单击"标注样式管理器"对话框中的"新建"按钮，弹出图6-5所示的"创建新标注样式"对话框。

2）在"新样式名"文本框中可以设置新创建的尺寸标注样式的名称；在"基础样式"下拉列表框中可以选择新创建的尺寸标注样式将以哪个已有的样式为模板；在"用于"下拉列表框中可以指定新创建的尺寸标注样式将用于哪些类型的尺寸标注。

图6-5　"创建新标注样式"对话框

3）单击"继续"按钮将关闭"创建新标注样式"对话框，并弹出如图6-6所示的"新建标注样式"对话框，用户可以在该对话框的各选项卡中设置相应的参数，设置完成后单击"确定"按钮，返回"标注样式管理器"对话框，在"样式"列表框中可以看到新建的标注样式。

5．"修改标注样式"对话框各选项卡设置

（1）"线"选项卡

"线"选项卡如图6-6所示，由"尺寸线"和"尺寸界线"两个选项组组成。该选项卡用于设置尺寸线、尺寸界线以及中心标记的特性等，以控制尺寸标注的几何外观。

1）在"尺寸线"选项组中，"颜色"下拉列表框用于设置尺寸线的颜色；"线宽"下拉列表框用于设定尺寸线的宽度；"超出标记"框用于设定尺寸线超过尺寸界线的距离，如图6-7a所示；"基线间距"框用于设定使用基线标注时各尺寸线间的距离如图6-7b所示；"隐藏"及其复选框用于控制尺寸线的显示。

2）在"尺寸界线"选项组中，"颜色"下拉列表框用于设置尺寸界线的颜色；"线宽"下拉列表框用于设定尺寸界线的宽度；"超出尺寸线"框用于设定尺寸界线超出尺寸线的距离如图6-7c所示；"起点偏移量"框用于设置尺寸界线相对于尺寸界线起点的偏移距离如图6-7c所示；"隐藏"及其复选框用于设置尺寸界线的显示；"固定长度的尺寸界线"复选框可以在"新建标注样式"对话框中为尺寸界线指定固定的长度。

图6-6 "新建标注样式"对话框

图6-7 "线"选项卡

（2）"符号和箭头"选项卡

"符号和箭头"选项卡如图6-8所示，由"箭头""圆心标记""折断标注""弧长符号""半径折弯标注"和"线性折弯标注"6个选项组组成。

1）在"箭头"选项组中，"箭头"下拉列表框用于选定表示尺寸起止符号的箭头的外观形式；"引线"下拉列表框中列出了尺寸线引线部分的形式；"箭头大小"框用于设定箭头相对其他尺寸标注元素的大小。

图6-8 "符号和箭头"选项卡

2）"圆心标记"选项组用于控制当标注半径和直径尺寸时，中心线和中心标记的外观。

3）"弧长符号"选项组用于控制弧长符号的放置位置，弧长符号放在标注文字的前缀或上方。

4）"半径折弯标注"选项组可以使用户利用折弯来标注半径，如果圆弧或圆的圆心位于图形边界之外常用折弯标注。

（3）"文字"选项卡

"文字"选项卡如图6-9a所示，由"文字外观""文字位置"和"文字对齐"3个选项组组成，用于设置标注文字的格式、位置及对齐方式等特性。

1）"文字外观"选项组可设置标注文字的格式和大小。"文字样式"下拉列表框用于选择标注文字所用的样式，单击后面的按钮，弹出"文字样式"对话框，如图5-2所示。"文字颜色"下拉列表框用于设置标注文字的颜色；"文字高度"框用于设置当前标注文字样式的高度；"分数高度比例"框用于设置分数尺寸文本的相对字高度系数；"绘制文字边框"复选框用于控制是否在标注文字四周画一个框。

2）"文字位置"选项组可设置标注文字的位置。"垂直"下拉列表框用于设置标注文字沿尺寸线在垂直方向上的对齐方式；"水平"下拉列表框用于设置标注文字沿尺寸线和尺寸界线在水平方向上的对齐方式；"从尺寸线偏移"框用于设置文字与尺寸线的间距如图6-9b所示。

a)   b)

图6-9 "文字"选项卡

3）"文字对齐"选项组可设置标注文字的方向。"水平"单选按钮表示标注文字沿水平线放置；"与尺寸线对齐"单选按钮表示标注文字沿尺寸线方向放置；"ISO标准"单选按钮表示当标注文字在尺寸界线之间时，沿尺寸线的方向放置，当标注文字在尺寸界线外侧时，则水平放置标注文字。

（4）"调整"选项卡

"调整"选项卡如图6-10所示，其主要用来调整各尺寸要素之间的相对位置，由"调整选项""文字位置""标注特征比例"和"优化"4个选项组组成。

图6-10 "调整"选项卡

1）"调整选项"选项组用于确定箭头和尺寸数字在尺寸界线中的放置，包括5个单选按钮和1个开关，其从上至下依次是：

①"文字或箭头（最佳效果）"单选按钮：该选项将根据两尺寸界线间的距离，以适当方式放置尺寸数字与箭头。其相当于以下方式的综合。

②"箭头"单选按钮：该选项将导致，如果空间允许，就将尺寸数字与箭头都放在尺寸界线内；如果尺寸数字与箭头两者仅够放一种，那就将箭头放在尺寸界线外，尺寸数字放在尺寸界线内。

③"文字"单选按钮：该选项将导致，如果空间允许，就将尺寸数字与箭头都放在尺寸界线内；如果箭头与尺寸数字两者仅够放一种，那就将尺寸数字放在尺寸界线外，箭头放在尺寸界线内。

④"文字和箭头"单选按钮：该选项将导致，如果空间允许，就将尺寸数字与箭头都放在尺寸界线内，否则都放在尺寸界线外。

⑤"文字始终保持在尺寸界线之间"单选按钮：该选项将导致，任何情况下都将尺寸数字放在两尺寸界线之中。

⑥"若箭头不能放在尺寸界线内，则将其消"开关：勾选将导致，如果空间不够，就省略箭头。

2）"文字位置"选项组共有3个单选按钮，其从上至下依次是：

①"尺寸线旁边"单选按钮：该选项控制当尺寸数字不在默认位置时，在尺寸线旁边放置尺寸数字。

②"尺寸线上方，带引线"单选按钮：该选项控制当尺寸数字不在默认位置时，若尺寸数字与箭头都不足以放到尺寸界线内，可移动鼠标绘出一条引线标注尺寸数字。

③"尺寸线上方，不带引线"单选按钮：该选项控制当尺寸数字不在默认位置时，若

尺寸数字与箭头都不足以放到尺寸界线内，用引线模式，但不画出引线。

3）"标注特征比例"选项组共有2个操作项，其从上至下依次是：

① 如果选择"注释性"，可以方便地根据出图比例来调整注释比例，使打印出的图样中各项参数满足要求。

②"将标注缩放到布局"单选按钮：以当前模型空间视口和图纸空间之间的比例为比例因子缩放标注。

③"使用全局比例"单选按钮：以文本框中的数值为比例因子缩放标注的文字和箭头的大小，但不改变标注的尺寸值，在模型空间标注选用此项。例如1:1绘制的建筑图，设定的标准样式中比如箭头大小是3，这样在建筑图中显示就非常小，这时在"使用全局比例"输入放大倍数如100即可正常显示。

4）"优化"选项组共有2个操作项，其从上至下依次是：

①"手动放置文字"开关：若打开该开关进行尺寸标注时，AutoCAD允许自行指定尺寸数字的位置。径向标注一般选择此项，线性标注一般不选择此项。

②"在尺寸界线之间绘制尺寸线"开关：该开关控制尺寸箭头在尺寸界线外时，是否在测量点之间绘制尺寸线。

（5）"主单位"选项卡

"主单位"选项卡如图6-11所示，用于设置主单位的格式及精度，还可以设置标注文字的前缀和后缀。

图6-11 "主单位"选项卡

1）在"线性标注"选项组中可设置线性标注单位的格式及精度。

①"单位格式"下拉列表框用于设置所有尺寸标注类型（除了角度标注）的当前单位格式。

②"精度"下拉列表框用于设置在十进制单位下标注文字的小数位数。

③"分数格式"下拉列表框用于设置分数的格式。

④"小数分隔符"下拉列表框用于设置小数分隔符的形式。

⑤"舍入"微调框用于设置所有尺寸标注类型（除角度标注外）的测量值的取整规则。

⑥"前缀"微调框用于对标注文字加上一个前缀。

⑦"后缀"微调框用于对标注文字加上一个后缀。

2）"测量单位比例"选项组用于确定测量时的缩放系数。"比例因子"可实现按不同比例绘图时，直接标注出实际物体的大小。例如：若绘图时将尺寸缩小一半来绘制，即绘图比例为1:2，那么在此设置比例因子应为2，系统就将把测量值扩大一倍，使用真实的尺寸值进行标注。"仅应用到布局标注"开关控制仅把比例因子用于布局中的尺寸。

3）"角度标注"选项组用于设置角度标注的角度格式。

4）"消零"选项组控制是否显示前导"0"或尾数"0"。

（6）"换算单位"选项卡

"换算单位"选项卡如图6-12所示，其主要用来设置换算尺寸单位的格式和精度并设置尺寸数字的前缀和后缀，其各操作项与"主单位"标签的同类项基本相同。

（7）"公差"选项卡

"公差"选项卡如图6-13所示，其主要用来控制尺寸公差标注形式、公差值大小及公差数字的高度、位置等。该对话框主要应用部分是左边区域，该区共有10个操作项，其从上至下依次是：

图6-12 "换算单位"选项卡　　　　　图6-13 "公差"选项卡

1）"方式"下拉列表框：用来指定公差标注方式。

2）"精度"下拉列表框：用来指定公差值小数点后保留的位数。

3）"上偏差"文字编辑框：用来输入尺寸的上偏差值。

4）"下偏差"文字编辑框：用来输入尺寸的下偏差值。

5）"高度比例"文字编辑框：用来设定尺寸公差数字的高度。该高度是由尺寸公差数字字高与基本尺寸数字高度的比值来确定的。例如："0.7"这个值使尺寸公差数字高是基本尺寸数字高度的0.7倍。

6）"垂直位置"下拉列表框：用来控制尺寸公差相对于基本尺寸的位置。

7)"公差对齐"选项卡:有两个选项,"对齐小数分隔符"或"对齐运算符",默认是"对齐运算符"。

8)"换算单位公差"的"精度"下拉列表框:可以确定公差单位英寸和毫米之间换算的精度。

9)"前导"开关:用来控制是否对尺寸公差值中的前导"0"加以显示。

10)"后续"开关:用来控制是否对尺寸公差值中的后续"0"加以显示。

6.2 常用的标注样式

6.2.1 设置三种常用尺寸标注样式

在绘制的工程图中,通常都有多种标注尺寸的形式,要提高绘图速度,应把绘图中所采用的尺寸标注形式都创建为尺寸标注样式,这样在绘图中标注尺寸时只需调用所需尺寸标注样式,从而避免了尺寸变量的反复设置,且便于修改。建筑图绘图比例通常较小比如1:100,当以1:1绘图完毕后,使用"缩放"命令,"比例因子"为0.01放进图框内,然后再进行尺寸标注。

工程图中常用三种尺寸标注样式:建筑线性尺寸标注样式、径向尺寸标注样式、角度标注样式。以下介绍如何创建这三种常用标注样式。

单击"标注样式" 按钮,在弹出的"标注样式管理器"对话框中单击"新建"按钮,在弹出的"创建新标注样式"对话框中给所设置的标注样式起名,单击"继续"按钮,在弹出的"新建标注样式"对话框中各选项卡设置如下:

(1)建筑线性尺寸标注样式

1)"线"选项卡:设置"基线间距"为8,"超出尺寸线"为3,"起点偏移量"为3,如图6-14所示。

2)"符号和箭头"选项卡:设置"箭头"为"建筑标记","箭头大小"为3,其余选项默认,如图6-15所示。

图6-14 设置"线"选项卡   图6-15 设置"符号和箭头"选项卡

3）"文字"选项卡：选择"文字样式"为创建的"数字字母"，设置"文字高度"为3.5，"从尺寸线偏移"为1，"文字对齐"选择"与尺寸线对齐"，如图6-16所示。

4）"调整"选项卡："调整选项"选择"文字或箭头（最佳效果）"，"优化"选择"在尺寸界线之间绘制尺寸线"，如图6-17所示。

图6-16 设置"文字"选项卡

图6-17 设置"调整"选项卡

5）"主单位"选项卡：设置"精度"为0，"小数分隔符"为"句点"，"比例因子"为100，如图6-18所示。

6）"换算单位"选项卡：选择默认。

7）"公差"选项卡：选择默认。

单击"确定"，关闭对话框，完成设置。

（2）径向尺寸标注样式

1）"线"选项卡：设置"基线间距"为8，"超出尺寸线"为3，"起点偏移量"为3，如图6-19所示。

图6-18 设置"主单位"选项卡

图6-19 设置"线"选项卡

2）"符号和箭头"选项卡：选择"箭头"为"实心闭合"，设置"箭头大小"为3，如图6-20所示。

3）"文字"选项卡：选择"文字样式"为创建的"数字字母"，"填充颜色"为"无"，设置"文字高度"为3.5，"从尺寸线偏移"为1，"文字对齐"选择"ISO标准"，如图6-21所示。

图6-20 设置"符号和箭头"选项卡　　　　图6-21 设置"文字"选项卡

4）"调整"选项卡："调整选项"选择"箭头"，"优化"选择"手动放置文字"，"在尺寸界线之间绘制尺寸线"是默认的选项，如图6-22所示。

5）"主单位"选项卡：设置"精度"为0，"小数分隔符"为"句点"，"比例因子"为100，如图6-23所示。

图6-22 设置"调整"选项卡　　　　图6-23 设置"主单位"选项卡

6）"换算单位"选项卡：选择默认。

7）"公差"选项卡：选择默认。

单击"确定"，关闭对话框，完成设置。

（3）角度标注样式

1）"线"选项卡：设置"基线间距"为8，"超出尺寸线"为3，"起点偏移量"为

3，如图6-24所示。

2）"符号和箭头"选项卡：选择"箭头"为"实心闭合"，设置"箭头大小"为3，如图6-25所示。

图6-24　设置"线"选项卡

图6-25　设置"符号和箭头"选项卡

3）"文字"选项卡：设置"文字高度"为3.5，"从尺寸线偏移"为1，"文字对齐"选择"水平"，如图6-26所示。

4）"调整"选项卡：设置如图6-27所示。

图6-26　设置"文字"选项卡

图6-27　设置"调整"选项卡

5）"主单位"选项卡：设置"精度"为0，"小数分隔符"为"句点"，"比例因子"为100，如图6-28所示。

6）"换算单位"选项卡：选择默认。

7）"公差"选项卡：选择默认。

单击"确定"，关闭对话框，完成设置。

图6-28　设置"主单位"选项卡

6.2.2　置为当前、修改和替代标注样式

要将一个标注样式置为当前，在"标注样式管理器"中单击 置为当前(U) ，或标注工具栏的 建筑线性 中下拉选择。

已设置的尺寸标注样式也可以修改和替代。

在"标注样式管理器"对话框的"样式"列表框中，选择需要修改的标注样式，单击"修改"按钮，弹出"修改标注样式"对话框，可以在该对话框中对该样式的参数进行修改。

同样的，在"标注样式管理器"对话框的"样式"列表框中，选择需要替代的标注样式，单击"替代"按钮，弹出"替代当前样式"对话框，可以在该对话框中设置临时的尺寸标注样式，以替代当前尺寸标注样式。

特别提示

1）标注样式"修改"后，已用该样式标注的及将要标注的全部改变。"替代"只对将要标注的起作用。

2）由一种标注样式转成另一种标注样式的方法是选择要转换的标注，然后从标注工具栏 建筑线性 下拉选择要转换成的标注样式。

6.3　尺寸标注

6.3.1　直线型尺寸标注

直线型尺寸是工程制图中最常见的尺寸，包括水平尺寸、垂直尺寸、对齐尺寸、基线标注和连续标注等。下面将分别介绍这几种尺寸的标注方法。

第一种：线性标注

1. 执行途径

1）工具栏：标注工具栏/"线性"按钮。

2）下拉菜单："标注"/"线性"。

3）命令行：DIMLINEAR。

2. 操作说明

输入命令后，命令行提示如下：

- 指定第一个尺寸界线原点或<选择对象>：选取一点作为第一条尺寸界线的起点。
- 指定第二条尺寸界线原点：选取一点作为第二条尺寸界线的起点。
- 指定尺寸线位置或[多行文字（M）/文字（T）/角度（A）/水平（H）/垂直（V）/旋转（R）]：移动光标指定尺寸线位置，也可设置其他选项。

尺寸数字是系统自动内测得到的，若要改变尺寸数字，则需要选择"多行文字（M）"或"文字（T）"，如在提示下输入T并按【Enter】键，例如输入"%%c100"，则尺寸数字显示为"φ100"。

选项中的"角度"是指尺寸数字的旋转角度，如图6-29所示的尺寸"57"为角度为45°的结果。选项中的"水平""垂直"用于选择水平或者垂直标注，或者通过拖动鼠标也可以切换水平或垂直标注。"旋转"指尺寸线旋转，图6-29中尺寸"38"为旋转30°的结果。

图6-29　线性标注

第二种：对齐标注

对齐尺寸标注，可以标注某一条倾斜线段的实际长度。

1. 执行途径

1）工具栏：标注工具栏/"对齐"按钮。

2）下拉菜单："标注"/"对齐"。

3）命令行：DIMALIGNEED。

2. 操作说明

执行命令后，命令行提示与操作和"线性"标注类似。标注效果如图6-30所示。

图6-30　对齐标注

第三种：基线标注

在工程制图中，往往以某一面（或线）作为基准，其他尺寸都以该基准进行定位或画线，这就是基线标注。基线标注需要以事先完成的一个线性标注为基础。

1. 执行途径

1）工具栏：标注工具栏/"基线"按钮。

2）下拉菜单："标注"/"基线"。

3）命令行：DIMBASELINE。

2. 操作说明

输入命令后，命令行提示如下：

● 指定第二条尺寸界线原点：选取第二条尺寸界线起点。

● 指定第二条尺寸界线原点：指定第三条尺寸界线的起点，可以继续指定，直到结束。

标注效果如图6-31所示，先用"线性"标注"31"的尺寸，然后用"基线"标注，分别单击4点、5点、6点，按【Enter】键结束命令。

第四种：连续标注

连续标注是首尾相连的多个标注，前一尺寸的第二尺寸界线就是后一尺寸的第一尺寸界线。

1. 执行途径

1）工具栏：标注工具栏/"连续"按钮 ⊞ 。

2）下拉菜单："标注"/"连续"。

3）命令行：DIMCONTINUE。

2. 操作说明

输入命令后，命令行提示与"基线"标注类似。标注效果如图6-32所示。

图6-31 基线标注 图6-32 连续标注

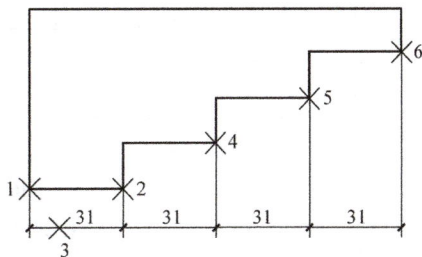

第五种：快速标注

"快速标注"可以用连续标注的形式将同向尺寸快速标出。

1. 执行途径

1）工具栏：标注工具栏/"快速标注"按钮 ⊡ 。

2）下拉菜单："标注"/"快速标注"。

3）命令行：QDIM。

2. 操作说明

如图6-33所示，执行"快速标注"命令，提示"选择要标注的几何图形："，选择线AB、线CD、线EF，按【Enter】键后确定尺寸位置。

图6-33 快速标注

第六种：等距标注

使用该命令可以自动调整尺寸线间的间距，或根据指定的间距值进行调整。

1. 执行途径

1）工具栏：标注工具栏/"等距标注"按钮 ⊞ 。

2）下拉菜单："标注"/"标注间距"。

3）命令行：DIMSPACE。

2. 操作说明

输入命令后，命令行提示：

- 选择基准标注：指定作为基准的尺寸标注。
- 选择要产生间距的标注：指定要控制间距的尺寸标注。
- 选择要产生间距的标注：可以连续选择，按【Enter】键结束选择。
- 输入值或 [自动（A）]<自动>：输入间距的数值。默认状态是自动，即按照当前尺寸样式设定的间距。

如图6-34a所示，要调整三个尺寸线之间的间距为8，则执行"等距标注"命令，第一次选择"28"尺寸为基准标注，即这个尺寸保持不动，然后选择另外两个尺寸作为要产生间距的标注，按【Enter】键后输入间距值8，结果如图6-34b所示。

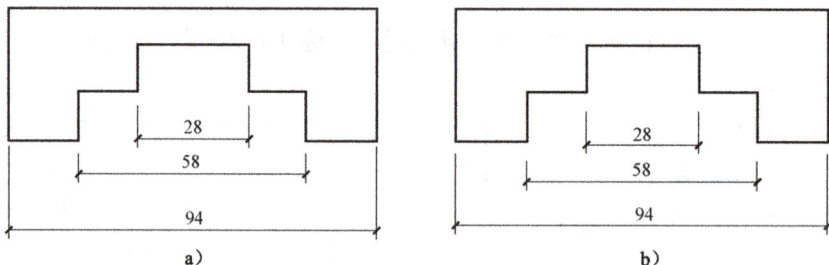

图6-34　等距标注

a）标注间距之前　b）标注间距之后

特别提示

　　除了调整尺寸线间距，还可以通过输入间距值"0"使尺寸线相互对齐。由于能够调整尺寸线的间距或对齐尺寸线，因而无须重新创建标注或使用夹点逐条对齐并重新定位尺寸线。

6.3.2　径向尺寸标注

径向尺寸是工程制图中另一种比较常见的尺寸，常用于回转类形体尺寸的标注，包括标注半径和直径。下面将分别介绍这两种尺寸的标注方法。

第一种：半径标注

1. 执行途径

1）工具栏：标注工具栏/"半径"按钮。

2）下拉菜单："标注"/"半径"。

3）命令行：DIMRADIUS。

2. 操作说明

输入命令后，命令行提示：

- 选择圆弧或圆：选择要标注半径的圆或圆弧对象。

● 指定尺寸线位置或[多行文字（M）/文字（T）/角度（A）]：移动光标至合适位置
 单击鼠标。

标注效果如图6-35a所示。

第二种：直径标注

1. 执行途径

1）工具栏：标注工具栏/"直径"按钮 ⊘。

2）下拉菜单："标注"/"直径"。

3）命令行：DIMDIAMETER。

2. 操作说明

输入命令后，命令行提示与半径标注类似，标注效果如图6-35b所示。

第三种：折弯半径标注

1. 执行途径

1）工具栏：标注工具栏/"折弯"按钮 ？。

2）下拉菜单："标注"/"折弯"。

3）命令行：DIMJOGGED。

2. 操作说明

输入命令后，命令行提示：

● 选择圆弧或圆：选择要标注半径的圆或圆弧对象。

● 指定图示中心位置：指定中心位置替代位置。

● 指定尺寸线位置或[多行文字（M）/文字（T）/角度（A）]：鼠标确定尺寸线的位置。

● 指定折弯位置：鼠标确定折弯的位置。

标注效果如图6-35c所示。

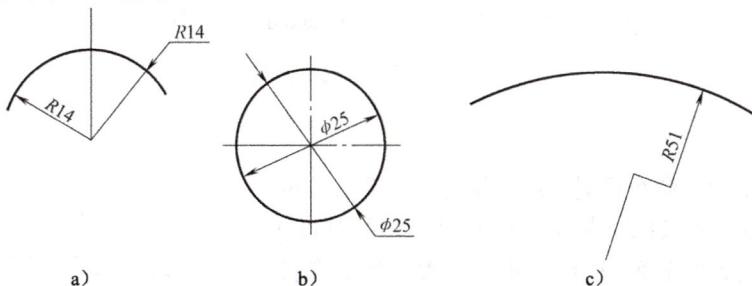

图6-35 径向尺寸标注

a）半径标注 b）直径标注 c）折弯半径标注

6.3.3 角度标注

角度标注用于标注两条直线或3个点之间的角度。要测量圆的两条半径之间的角度，可以选择此圆，然后指定角度端点。对于其他对象，则需要先选择对象，然后指定标注位置。

1．执行途径

1）工具栏：标注工具栏/"角度"按钮 ⌂。

2）下拉菜单："标注"/"角度"。

3）命令行：DIMANGULAR。

2．操作说明

输入命令后，命令行提示：

- 选择圆弧、圆、直线或<指定顶点>：选择标注角度尺寸对象，圆弧或者是直线或者按【Enter】键后选择点。
- 指定标注弧线位置或[多行文字（M）/文字（T）/角度（A）/象限点（Q）]：移动光标至合适位置单击。

各种角度标注如图6-36所示。

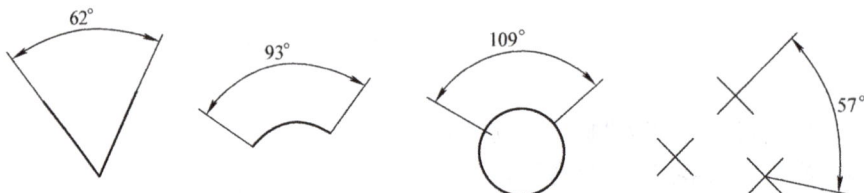

图6-36　角度标注

6.3.4　多重引线标注

1．执行途径

1）工具栏：多重引线工具栏（图6-37）/"多重引线"按钮 。

2）下拉菜单："标注"/"多重引线"。

3）命令行：MLEADER。

图6-37　多重引线工具栏

2．操作说明

启动该命令后，命令行提示："指定引线箭头的位置或 [引线基线优先（L）/内容优先（C）/选项（O）] <选项>:"，直接单击确定引线箭头的位置，然后在打开的文字输入窗口中输入注释内容即可。如图6-38所示为单击楼梯的防滑条作为引线箭头的位置，输入内容为"金刚砂"时的引线标注。

当用户对目前默认的引线标注样式不满意时，可以进行修改，或者建立自己需要的引线标注样式。这些操作都可以通过单击多重引线工具栏按钮 调出"多重引线样式管理器"来实现。

图6-38　多重引线

6.3.5　折断标注

标注过程有时会出现尺寸界线或尺寸线之间相交的情况，如图6-39a所示，这会使标注显得较乱，为了使标注更加清晰，层次分明，可以采用折断标注。

1. 执行途径

1）工具栏：标注工具栏/"折断标注"按钮 ⊥ 。
2）下拉菜单："标注"/"折断标注"。
3）命令行：DIMBREAK。

2. 操作说明

启动"折断标注"命令，命令行提示：

● 选择要添加/删除折断的标注或 [多个（M）]：选择一个或多个要被折断的标注。
● 选择要折断标注的对象或[自动（A）/手动（M）/删除（R）]<自动>：选择要保留的对象。
● 选择要折断标注的对象：进一步选择或按【Enter】键结束选择。

图6-39b是先选择横向"1500"和"1000"的尺寸作为被打断的标注，然后选择竖向最下方"1000"作为要折断标注的保留对象的结果。

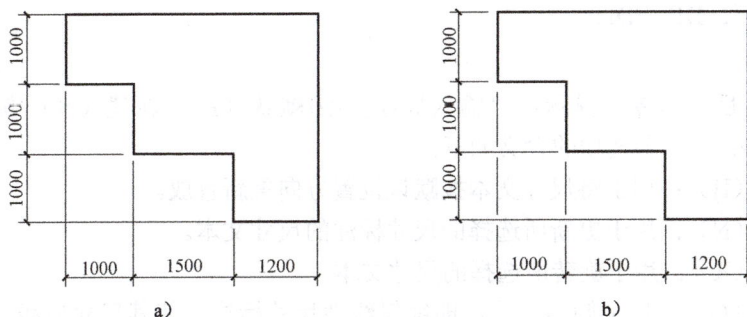

图6-39　折断标注实例

6.3.6　折弯线性标注

1. 执行途径

1）工具栏：标注工具栏/"折弯线性"按钮 ⌁ 。
2）下拉菜单："标注"/"折弯线性"。
3）命令行：DIMJOGLINE。

2. 操作说明

启动该命令后，命令行提示：

● 选择要添加折弯的标注或[删除（R）]：选择要添加折弯的标注或者输入R选择要删除的折弯标注。
● 指定折弯位置（或按ENTER键）：指定折弯位置或按【Enter】键默认折弯位置。

图6-40b是图a添加折弯线性标注后的效果。

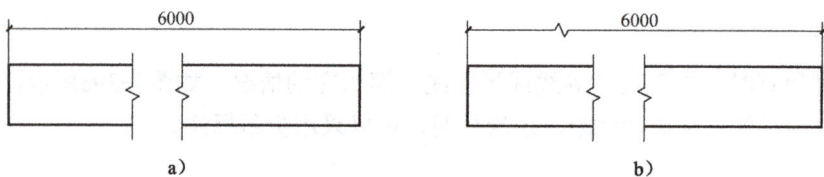

图6-40 折弯标注效果

6.4 编辑尺寸标注

编辑尺寸标注包括旋转现有文字或用新文字替换现有文字，还可以将文字移动到新位置或返回其初始位置，也可以将标注文字沿尺寸线移动到左、右、中心或尺寸界线之内或之外的任意位置。

6.4.1 编辑标注

该命令用来修改已有尺寸标注的文本内容和文本放置方向。

1. 执行途径

1）工具栏：标注工具栏/"编辑标注"按钮 。

2）命令行：DIMEDIT。

2. 操作说明

输入命令后，命令行提示："输入标注类型[默认（H）/新建（N）/旋转（R）/倾斜（O）]<默认>："，各选项的含义如下：

1）默认（H）：用于将尺寸文本按默认位置方向重新置放。

2）新建（N）：用于更新所选择的尺寸标注的尺寸文本。

3）旋转（R）：用于旋转所选择的尺寸文本。

4）倾斜（O）：用于倾斜标注，即编辑线性尺寸标注，使其尺寸界线倾斜一个角度，不再与尺寸线相垂直，常用于标注锥形图形。

> 特别提示
>
> 常用的替换尺寸数字的方法是，选定标注，单击"特性" ，在文字下拉列表框的"文字替代"栏，输入替代文字。

6.4.2 编辑标注文字

该命令用来修改已有尺寸标注的放置位置。

1. 执行途径

1）工具栏：标注工具栏/"编辑标注文字"按钮 。

2）命令行：DIMTEDIT。

2. 操作说明

输入命令后，命令行提示：

● 选择标注：选定要修改为位置的尺寸。

● 为标注文字指定新位置或[左对齐（L）/右对齐（R）/居中（C）/默认（H）/角度（A）]：
单击指定新位置，其余各选项的含义如下：
1）左对齐（L）：用于将尺寸文本按尺寸线左端置放。
2）右对齐（R）：用于将尺寸文本按尺寸线右端置放。
3）居中（C）：用于将尺寸文本按尺寸线中心置放。
4）默认（H）：用于将尺寸文本按默认位置置放。
5）角度（A）：用于将尺寸文本按一定角度置放。

6.4.3 尺寸标注更新

该命令用来进行替换所选择的尺寸标注的样式。

1. 执行途径

1）工具栏：标注工具栏/"标注更新"按钮。
2）命令行：DIMSTYLE。

2. 操作说明

在执行该命令前，先将需要的尺寸样式设为当前的样式。输入命令后，命令行提示："选择对象："，选择要修改样式的尺寸标注，按【Enter】键后，所选择的尺寸样式变为当前的样式。

6.5 应用示例

例题：下面以图6-41的平面图为例，介绍建筑细部尺寸的标注。

【操作步骤】

1）采用1:100的比例绘制如图6-41所示平面图。

图6-41 平面图示例

2）利用前边创建的"建筑线性尺寸标注样式"，单击"线性"和"连续"命令图标，标注细部尺寸如图6-42所示。

| 105 | 120 | 1799 | 1050 | 900 | 1800 | 900 | 900 | 1800 | 900 | 1050 | 1800 | 120 | 051 |

图6-42 标注细部尺寸

3）部分尺寸数字重合在一起，采用夹点操作法，选定要调整的尺寸，鼠标单击尺寸数字上的夹点，夹点由蓝变红，鼠标移到合适位置单击，调整后的结果如图6-43所示。

图6-43　调整数字位置

6.6　上机指导

例题：绘制如图6-44所示住宅顶层平面图。

顶层平面图 1:100

图6-44　住宅顶层平面图

【操作步骤】

1）先设置图层、线型、线宽等，如图6-45所示。

图6-45 设置图层

2）建立A3图纸幅面（420mm×297mm），绘制图框线和标题栏；再使用"缩放"命令将该图幅放大100倍。

3）因为该图是左右对称的，所以先画一半，另一半用"镜像"命令完成。打开"正交模式"，在"轴线"图层下用"直线"和"偏移"命令绘制平面墙体轴线网，如图6-46所示。

图6-46 平面墙体轴线网

图6-47 用"多线"绘制墙体

4）创建"240墙"多线样式，在"墙体"图层下用"多线"命令绘制墙体，结果如图6-47所示。

5）创建"窗线"多线样式，在"门窗"图层用"多线"命令绘制窗线。创建"120阳台"多线，绘制阳台，结果如图6-48所示。

6）用"偏移"命令，绘制楼梯，如图6-49所示。

7）用"镜像"命令绘制另一侧，结果如图6-50所示。

图6-48 墙绘制窗线和阳台　　　　　　图6-49 绘制楼梯

图6-50 镜像

8）创建"长仿宋"文字样式，书写房间名称，如图6-51所示。

9）将所有图形用"缩放"命令缩小至原来的1/100。创建"线性标注"的标注样式，需要注意的是在"新建标注样式"对话框的"主单位"栏，"比例因子"需要输入100。用"线性"标注内部尺寸，用"连续"标注第一道尺寸，如图6-52所示。

图6-51 文字书写

图6-52 标注细部尺寸

10）再用"连续"标注第二道尺寸，即轴间尺寸，结果如图6-53所示。

图6-53　标注轴间尺寸

11）用"线性"标注第三道尺寸，即总体尺寸，如图6-54所示。绘制一个轴线编号符号，并书写上轴线编号，用"复制"命令复制全部轴线编号，并修改编号，修改的方法是在数字或字母上双击进入文字输入状态，对文字进行修改，结果如图6-54所示。

12）书写图名和比例，完成平面图的绘制，如图6-44所示。

图6-54 总体尺寸和轴线编号

6.7 操作练习

1. 为图4-61和图4-63标注尺寸。
2. 按要求绘制图6-55所示的结构图并标注尺寸。
3. 绘制图6-56建筑平面图并标注尺寸。
4. 绘制图6-57楼梯平面图并标注尺寸。
5. 按要求绘制如图6-58～图6-61所示的别墅房屋图并标注尺寸。

1—1 1:20

2—2 1:20

LL立面图 1:40

钢筋表

编号	简图	直径	长度	根数	备注
①	75 3790 75	Φ16	3940	2	
②	250 215 282 2960	Φ16	4454	1	
③	3790 63 63 63	Φ10	3916	2	
④	200 250 300 150	Φ6	900	20	

图6-55　梁结构图

注：1.未标注之墙身厚度均为240；
　　2.除注明者外，墙轴线均居中。

底层平面图 1:100

图6-56 建筑平面图

底层平面图 1:50　　标准层平面图 1:50　　顶层平面图 1:50

图6-57　楼梯平面图

别墅正立面图 1:100

No	别墅正立面图	成绩
M1:100		
制图	青岛理工大学	班级
审核		

图6-58　正立面图

图6-59 平面图

图6-60 侧立面图

163

图6-61　剖面图

第7章　图块与参照

教学目标与任务

通过对本章的学习，读者应掌握创建图块及插入图块和参照的基本方法，并能够对图块添加属性。

教学重点与难点

- 创建图块
- 保存图块
- 插入图块
- 在图块中添加属性
- 插入外部参照

图块（简称块）是AutoCAD为用户提供的在图形中管理对象的重要功能之一，属性是块的文本信息。本章主要介绍有关块和属性的性质、概念、设置及具体的操作等内容。

7.1 图块的用途和性质

7.1.1 图块的用途

块是把一组图形或文本作为一个实体的总称。图块功能能把绘图人员从某些重复性绘图中解脱出来，可大大提高绘图效率。块的具体功能如下：

（1）便于图形的修改

绘制好的工程图纸有时要进行修改，如果逐个修改就要花较多时间。利用图块的一致性，所插入的相同图块可一起修改，这样便节省了逐个修改的时间。

（2）节省磁盘空间

当一组图形在图中重复出现时，会占据较多的磁盘空间。若把这组图形定义成块并存入磁盘，则对块的每次插入，AutoCAD仅需记住块的插入点坐标、块名、比例和转角，从而节省了内存空间。

（3）建立图形库

把经常使用的图形定义成块，并建立一个图库。当绘图时，可以将块从图库中调出使用，避免重复性的工作。

（4）定义属性

若要在图块中加入一些文本信息，这些文本信息可以在每次插入块时改变，并且可以像普通文本那样显示或隐藏，这样的文本信息被称为属性。用户还可以从图中提取属性值并为其他数据库提供资源。

7.1.2 图块的性质

（1）图块的嵌套

图块可以嵌套，即一个块中可以包含对其他块的引用。块可以多层嵌套，系统对每个块的嵌套层数没有限制。

（2）图块与图层、线型、颜色的关系

1）可以把不同图层上颜色和线型各不相同的对象定义为图块。可以在图块中保持对象的图层、颜色和线型信息。每次插入块时，块中每个对象的图层、颜色和线型的属性将不会变化。

2）如果图块的组成对象在系统默认的"0"图层并且对象的颜色和线型设置为随层，当把此块插入到当前图层时，AutoCAD将指定该块的颜色和线型与当前图层的特性一样。

（3）图库修改的一致性

在建筑图中，将标高符号、轴线编号及门窗等常做成块，建成图库，方便使用及交流。在工程图中插入了一系列的块，只要修改块的源文件，工程图也随之修改，这就是AutoCAD提供的图库修改的一致性。

7.2 创建图块和调用图块

7.2.1 创建图块（内部块）

在创建图块之前，先绘制图形，然后将绘制的图形对象定义成图块。

1. 执行途径

1）工具栏：绘图工具栏/"创建块"按钮 。

2）下拉菜单："绘图"/"块"/"创建"。

3）命令行：BLOCK（快捷命令：B）。

2. 操作说明

执行"创建块"命令，弹出一个"块定义"对话框，如图7-1所示。

图7-1 "块定义"对话框

（1）"块定义"对话框简介

在"块定义"对话框中，用户需要设置"名称"下拉列表框、"基点"选项组、"对象"选项组，其他选项采用默认设置即可。

1）"名称"下拉列表框用于输入当前要创建图块的名称。

2）"基点"选项组用于确定插入点的位置。此处定义的插入点是该块将来插入的基准点，也是块在插入过程中旋转或缩放的基点。用户可以通过在"X""Y""Z"文本框中直接输入坐标值，最常用的是单击"拾取点"按钮，切换到绘图区在图形中用"对象捕捉"直接指定。

3）"对象"选项组用于指定定义成块的对象。选中"保留"单选按钮，创建块以后，所选对象依然保留在图形中，不转换为块。选中"转换为块"单选按钮，创建块以后，所选对象转换成图块格式，同时保留在图形中。选中"删除"单选按钮，表示创建块以后，所选对象从图形中删除。用户可以通过单击"选择对象"按钮，切换到绘图区选择要创建为块的图形实体。

4）"设置"选项组包括"块单位"和"超链接"。"块单位"下拉列表框用于指定从AutoCAD设计中心拖动块时，用以缩放块的单位。例如，设置拖放单位为"毫米"，将被拖放到的图形单位设置为"米"，则图块将缩小至原来的1/1000被拖放到该图形中。通常选择"毫米"选项。"超链接"选项，将来用户可以通过该块来浏览其他文件或者访问Web网站。单击"超链接"按钮后，系统弹出"插入超链接"对话框。

（2）创建图块步骤

1）在"名称"对话框中输入块名。

2）在"基点"选项组中单击"拾取点"按钮。

3）选择插入基点。

4）在"选择"选项组中单击"选择对象"按钮。

5）利用框选选择要定义成块的对象。

6）单击"确定"按钮，即可将所选对象定义成块。

特别提示

　　按上述方法定义的块只存在于当前图形中，执行新建图形操作或关机后，该块即消失。用BLOCK创建的块称为内部块。所以一般不用此方法创建块。若要保留定义的块，需执行WBLOCK命令，即创建外部块。

7.2.2　创建并保存图块（外部块）

执行WBLOCK命令可以直接创建并保存图块，也可保存已定义的块。执行该命令，即将当前指定的图形或用BLOCK命令定义过的块作为一个独立的块文件存盘，可以在不同的CAD文件中调用插入该块文件。

1. 执行途径
命令行：WBLOCK（快捷命令：W）。

2. 操作说明
执行"外部块"命令，弹出一个"写块"对话框，如图7-2所示。

该对话框的各个选项功能如下：

（1）"源"选项组

该选项组用于指定存储块的对象及块的基点。

1）选择"块"单选框，用户可以通过此下拉框选择一个块名将块进行保存。保存块的基点不变。

2）选择"整个图形"单选框，可以将整个图形作为块进行存储。

3）选择"对象"单选框，可以将用户选择的对象作为块进行存储。

另外其他选项和"块定义"相同。

（2）"目标"选项组

该选项组用于设置保存块的名称、路径以及插入的单位。

图7-2 "写块"对话框

1）"文件名和路径"：用于指定保存块的文件名和保存路径。

2）"插入单位"：用户可以通过下拉列表选择从AutoCAD设计中心拖动块时的缩放单位，插入单位一般是"毫米"。

单击"确定"按钮，完成图块的保存。

3. 应用示例

例题：将图7-3的图形定义为外部块，名称为"标高符号"。

【操作步骤】

1）首先根据尺寸绘制如图7-3所示的标高符号（不标尺寸），然后执行"wblock"命令，弹出图7-2"写块"对话框。

图7-3 标高符号

2）在"写块"对话框中，将"源"选项设为"对象"，单击按钮，用"对象捕捉"捕捉标高符号的三角形下尖点作为基点；单击"对象"选区的按钮，用拾取框选择标高图形的三条直线，按【Enter】键结束后返回"写块"对话框。

3）在"写块"对话框中，选中"转换为块"复选项；在"文件名和路径"中设置好要保存的路径，并给定名称"标高符号"，"插入单位"选择"毫米"选项，如图7-2所示。单击"确定"完成标高符号块的创建。

特别提示

一定要注意基点的选取，如果不选取基点，系统默认（0，0，0）点作为基点。

7.3 插入图块

已定义过的块，可以使用DDINSERT或INSERT命令将块或整个图形插入到当前图形中。当插入块或图形时，需指定插入点、缩放比例和旋转角。当把整个图形插入到另一个图形时，AutoCAD会将插入图形当作块引用处理。

1. 执行途径

1）工具栏：绘图工具栏/"插入块" 按钮。

2）命令行：INSERT（快捷命令：I）。

2. 操作说明

执行"插入块"命令，弹出一个如图7-4所示的"插入"对话框。

图7-4 "插入"对话框

（1）"插入"对话框简介

在"插入"对话框中，设置相应的参数就可以插入图块。包含有"名称"下拉列表框、"插入点"选项组、"比例"选项组和"旋转"选项组。

1）在"名称"下拉列表框中选择已定义的图块，或者单击"浏览"按钮，选择保存的块。

2）"插入点"选项组用于指定图块的插入位置，通常选中"在屏幕上指定"复选框，鼠标配合"对象捕捉"指定插入点。

3）"比例"选项组用于设置图块插入后的比例。选中"在屏幕上指定"复选框，则可以在命令行中指定缩放比例，用户也可以直接在"X""Y""Z"文本框中输入数值，以指定各个方向上的缩放比例。"统一比例"复选框用于设定图块在X、Y、Z方向上缩放是否一致。应注意的是，X、Y方向比例因子的正负将影响图块插入的效果。当X方向的比例因子为负时，图块以Y轴为镜像线进行插入；当Y方向的比例因子为负时，图块以X轴为镜像线进行插入，如图7-5所示。

图7-5 比例因子的正负对图块插入效果的影响

a）X=1，Y=1 b）X=-1，Y=1 c）X=1，Y=-1 d）X=-1，Y=-1

4）"旋转"选项组用于设定图块插入后的角度。选中"在屏幕上指定"复选框，则可以在命令行中指定旋转角度，用户也可以直接在"角度"文本框中输入数值，以指定旋转角度。

（2）"插入"图块的步骤

1）单击"插入块"按钮，弹出图7-4对话框。

2）从该对话框中单击"浏览"选择要插入的块文件。

3）调整"比例"和"旋转"，单击"确定"。

4）在屏幕上单击需要插入块的点插入块，操作完成。

特别提示

（1）图形文件作为块插入

图形文件也可以作为块来插入。方法是：在如图7-4所示的"插入"对话框中单击"浏览"，选择一个图形文件，即可按块插入的方法插入图形。插入的图形文件是一个整体。图形文件也可以作为"外部参照"插入，方法是"插入"/"DWG参照"。

（2）保留块的对象独立性

无论块多么复杂，它都被AutoCAD视为单个对象。想要对插入的块进行修改，则必须先用"分解"命令将其分解。假如用户想在插入块后使块自动分解，可在如图7-4所示的对话框中选择"分解"复选框。

7.4 修改图块

1. 修改外部块（用WBLOCK命令创建的块）

要修改已保存的外部图块，可打开该图块源文件，修改后以原来的名称保存，然后再执行一次"插入块"命令，在图7-4"插入"对话框中，重新单击"浏览"，选择修改后的块文件，单击"确定"后，系统弹出图7-6的对话框。单击"重新定义块"，则已插入的所有的块都重新定义。

图7-6 重新定义块

2. 修改内部块（用BLOCK命令创建的块）

要修改未保存的内部图块，和修改外部块一样，应先修改这种图块中的任意一个，然后以同样的图块名再重新定义一次。重新定义后，系统将立即修改所有已插入的图块。

特别提示

当图中已插入多个相同的图块，而且只需要修改其中一个时，切记不要重新定义块，此时应用"分解"命令将单个的块分解，然后再进行修改。

3. 应用示例

例题：以图7-7为例，介绍图块的修改。

【操作步骤】

1）按如图7-7a所示图形绘图并用"WBLOCK"命令创建块。

2）用"插入块"命令将所作的图块插入到图7-7b的图形中。

3）打开图块源文件并修改成图7-7c的图形，以原来的名称保存。

4）再执行一次"插入块"命令，在图7-4"插入"对话框中，重新单击"浏览"，选择修改后的块文件，按提示确定"重新定义块"后，系统将会修改所有已插入的同名图块，如图7-7d所示。

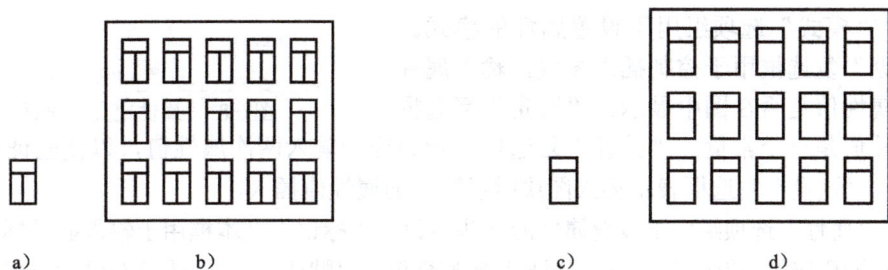

图7-7 图块的修改

a）原图块 b）插入原图块的图形 c）修改后图块 d）插入修改后图块的图形

7.5 定义带有属性的图块

7.5.1 属性的概念与特点

1. 属性的概念

在AutoCAD中，属性是从属于块的文本信息，它是块的组成部分。用户可以定义带有属性的块。当插入带有属性的块时，可以交互地输入块的属性。对块进行编辑时，包含在块中的属性也被编辑。

2. 属性的特点

图块的属性包括属性标记和属性值两方面内容。属性标记是指一个具体的项目，属性值是指具体的项目情况。

7.5.2 定义图块的属性

在定义图块前，要先定义该块的属性。定义属性后，该属性以其标记名在图形中显示出来，并保存有关的信息。属性标记要放置在图形的合适位置。

1. 执行途径

1）下拉菜单："绘图"/"块"/"定义属性"。

2）命令行：ATTDEF（快捷命令：ATT）。

2．操作说明

执行块"定义属性"命令后，弹出一个"属性定义"对话框，如图7-8所示。该对话框中的各项含义如下：

"属性定义"对话框包含"模式"选项组、"属性"选项组、"插入点"选项组、"文字设置"选项组和"在上一个属性定义下对齐"复选框。

1）"模式"选项组用于设置属性的模式。"不可见"复选框用于控制插入图块，输入属性值后，属性值是否在图中显示；"固定"复选框表示属性值是一个常量；"验证"复选框表示会提示输入两次属性值，以便验证属性值是否正确；"预设"复选框表示插入图块时以默认的属性值插入。

图7-8 "属性定义"对话框

2）"属性"选项组用于设置属性的一些参数。"标记"文本框用于输入显示标记；"提示"文本框用于输入提示信息，提醒用户指定属性值；"默认"文本框用于输入默认的属性值。

3）"插入点"选项组用于指定图块属性的显示位置。选中"在屏幕上指定"复选框，则在绘图区指定插入点，用户也可以直接在"X""Y""Z"文本框中输入坐标值，以确定插入点。建议用户采用"在屏幕上指定"方式。

4）"文字设置"选项组用于设定属性值的基本参数。"对正"下拉列表框用于设定属性值的对齐方式；"文字样式"下拉列表框用于设定属性值的文字样式；"文字高度"文本框用于设定属性值的高度；"旋转"文本框用于设定属性值的旋转角度。

通过"属性定义"对话框，用户可以定义一个属性，但是并不能指定该属性属于哪个图块，因此用户必须通过创建块将图块和定义的属性重新定义为一个新的图块。

3．创建带属性图块的步骤

1）绘制块图。
2）定义属性，对所绘制图形添加块属性。
3）用"WBLOCK"命令创建块。
4）插入属性块。插入块时系统会在"编辑属性"对话框中提示"请输入标高值"，如图7-9所示。默认的就是"属性定义"对话框中"默认"中的"0.000"。此时如果输入"10.000"则插入的块显示为图7-10。

图 7-9

10.000

图7-10 属性值的修改

特别提示

1）属性值可以修改，修改的方法是双击插入的属性快，弹出对话框如图7-11所示。可以对属性值、文字及特性进行修改。

2）一个块可以创建多个不同的属性。

3）使用"分解"命令将带属性的块分解后，块中的属性值还原为属性定义。

图7-11　属性块的插入

4. 应用示例

例题：下面以图7-12所示轴线编号为例，练习带属性块的创建和插入。

【操作步骤】

1）用"直线"和"偏移"命令按1:100比例绘制轴线，如图7-13所示。

2）按制图标准绘制轴线编号符号，如图7-14所示。

3）选择下拉菜单"绘图"/"块"/"定义属性"，对所绘制图形添加属性，设置如图7-15所示。

4）选择插入点"在屏幕上指定"并按图示将文字放到轴线符号的正中，如图7-16所示。

图7-12　块属性插入与编辑实例

图7-13　绘制轴线

图7-14　轴线编号符号

图7-15　"属性定义"对话框

图7-16　选择属性插入点

5）用"BLOCK"命令创建如图7-16所示的图块，并命名为"轴线编号"。

6）用"WBLOCK"命令，保存图块，如图7-17所示。

7）插入图块，如图7-18所示，单击"确定"后在绘图区合适位置单击插入块，同时在弹出的"编辑属性"对话框提示"请输入编号"时分别输入1、2、3和A、B、C、D，得到图7-12。

图7-17　"写块"对话框　　　　　　图7-18　块插入对话框

特别提示

在本例题中可以创建两个属性块，一个是轴线1、2、3用，基点选择圆的最上象限点。另一个是轴线A、B、C、D用，基点选择圆的最右象限点。

7.6　参照

用户可以使用"插入块"命令在图形中插入块形式的图形，除此之外AutoCAD还允许用户直接插入一个外部图形，它是AutoCAD图形相互调用更为有效的一种方法，这就是外部参照。

7.6.1　外部参照的概述

直接引用到当前图形中的非块形式的外部图形也是一个独立的对象，为了区别于块参照，将其称为外部参照。外部参照的一个最大特点就是，当被引用的外部图形发生变化时，当前图形中的外部参照将随之更新。

外部参照具有以下的特点：

1）可以将整个图形作为外部参照附着到当前图形中，它并不真正插入，附着的外部参照的数据仍然保存在原来的图形文件中，当前图形只保存外部参照文件的名称和路径，因此，使用外部参照可以生成图形而不会显著增加图形文件的大小。

2）可以通过在图形中参照其他用户的图形来协调用户之间的工作，从而与其他用户所做的修改保持同步。

3）确保显示参照图形的最新版本。每次打开图形文件时，AutoCAD将自动重载每个外部参照，从而反映参照图形文件的最新状态。

4）可以控制参照文件图层的状态和特性，也可以对外部参照进行"缩放""移动""复制""阵列"和"旋转"等操作。外部参照在当前图形中以单个对象的形式存在，与块不同的是，必须先绑定外部参照才能对其进行分解。

5）当工程完成并准备归档时，可以使用"绑定"命令将附着的外部参照和用户图形永久合并到一起。

7.6.2 插入外部参照

一个图形可以作为外部参照同时插入到多个图形中。反之，也可以将多个图形作为外部参照插入到单个图形上。外部参照必须是模型空间对象，可以以任何比例、位置和旋转角度附着这些外部参照。

1. 执行途径

1）工具栏：参照工具栏（图7-19）/"附着外部参照"按钮。
2）下拉菜单："插入"/"DWG参照"。
3）命令行：XATTACH（快捷命令：XA）。

图7-19 参照工具栏

2. 操作说明

执行该命令后，弹出图7-20"选择参照文件"对话框，在该对话框中选中要插入的参照文件，然后单击打开，弹出图7-21"附着外部参照"对话框。

图7-20 "选择参照文件"对话框

图7-21 "附着外部参照"对话框

对话框中各主要项的功能如下：

1）名称选项区：需要插入的外部参照文件的名称。

2）路径类型：指定外部参照的保存路径是"完整路径""相对路径"还是"无路径"。将路径类型设置为"相对路径"之前，必须保存当前图形。

如果参照的图形位于另一个本地磁盘驱动器或网络服务器上，"相对路径"选项不可用。

3）参照类型选项区：

①"附着型"单选框：附着的外部参照可以被嵌套。例如图形A以"附着型"引用了B图形，当图形A被图形C引用时，在C图形中同时显示图形A和B。

②"覆盖型"单选框：附着的外部参照不可以被嵌套。例如图形A以"覆盖型"引用了B图形，当图形A被图形C引用时，在C图形中不显示图形B。

4）插入点选项区：确定参照图形的插入点。

5）比例选项区：确定参照图形的插入比例。

6）旋转选项区：确定参照图形插入时的旋转角度。

设置完毕后单击"确定"按钮，就可以按照插入块的方法插入外部参照。

7.6.3 外部参照管理

假设一张图中使用了外部参照，用户要知道外部参照的一些信息，如参照名、状态、大小、类型、日期、保存路径等，或者要对外部参照进行一些操作，如附着、拆离、卸载、重载、绑定等，这就需要使用外部参照管理器。它的作用就是在图形文件中管理外部参照。

假设在当前图形中使用了外部参照，单击参照工具栏上的"外部参照"按钮 ，打开"外部参照"特性板，如图7-22

图7-22 "外部参照"对话框

所示。

1）在"外部参照"特性板中，如果在参照列表中选中某个外部参照，单击鼠标右键，在快捷菜单上选择"附着"选项，将直接显示"外部参照"对话框，用户可以插入此参照。

2）如果选择"拆离"，它的作用是从当前图形中移去不再需要的外部参照。与用"删除"命令在屏幕上删除一个参照对象不同。用"删除"命令在屏幕上删除的仅仅是外部参照的一个引用实例，但图形数据库中的外部参照关系并没有删除。而使用"拆离"不仅删除了屏幕上的所有外部参照实例，而且彻底删除了图形数据库中的外部引用关系。

3）"卸载"可以从当前图形中卸载不需要的外部参照，但卸载后仍保留外部参照文件的路径。

4）选择"绑定"，打开"外部参照绑定"对话框，如图7-23所示。选定的外部参照及其依赖符号（如块、标注样式、文字样式、图层和线型等）成为当前图形的一部分。

图7-23　"外部参照绑定"对话框

7.7　上机指导

例题　绘制图7-24所示排水立管系统图。

【操作步骤】

1）打开图层特性管理器，先设置"粗实线""细实线""标注"三个图层，将"粗实线"设置为当前层。

2）采用立式幅面建立A3幅面图纸（420mm×297mm），绘制图框线及标题栏。

3）使用"缩放"命令将该图纸幅面放大100倍。

4）在"粗实线"层绘制排水立管，在"细实线"层根据给定标高值用"偏移"命令画出室内地面线、楼面线和屋面线，如图7-25所示。

图7-24　排水立管系统图

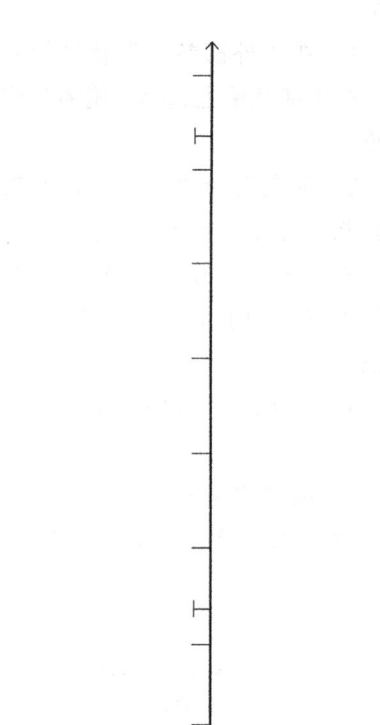

图7-25　绘制立管及楼面线、屋面线

5）在状态栏的"极轴追踪" 按钮处点右键选择"设置"，弹出图7-26所示的"草图设置"对话框，在"极轴追踪"中将"增量角"设置为45°。

6）在"粗实线"层打开"极轴追踪"，从立管引画各楼层的横向管段。先画排出管，再画与立管相连的一条排水横管（在楼层线下0.3米），然后用"复制"命令，做出其他楼层的排水横管，如图7-27所示。

7）绘制一层的管道附件（阀门、截止阀、水表、检查口等）、配水器具的存水弯和地漏等，如图7-28所示。

图7-26　"草图设置"对话框图

8）在"细线层"标注各楼层的名称，标注管道的直径和坡度等，如图7-29所示。

9）将排水系统进行编号，只做出其中一个，另一个用复制，再双击文字修改，如图7-30所示。

10）将标高符号创建为属性块，用插入属性块的方法标注标高。在标注标高前，先在图7-31右侧作两条铅垂线作为辅助线，然后用"延伸"命令将楼层线延伸到最右侧辅助铅垂线处。使用"修剪"命令，将左侧辅助铅垂线以左的楼层延长线修剪掉，将两条辅助铅垂线删除，然后再插入标高。完成全图，如图7-24所示。

图7-27　绘制各楼层的横向管段

图7-28　绘制一楼附件

图7-29　文字书写及坡度标注

图7-30　排水系统编号

图7-31　标注标高

7.8 操作练习

1. 按要求绘制图7-32所示的给水排水平面图。

储藏室给排水平面图 1:100

图7-32 给水排水平面图

2. 绘制图7-33、图7-34所示的给排水轴测图。

图7-33 给水轴测图

图7-34 排水轴测图

3. 绘制结构图如图7-35所示，并用属性块标注钢筋编号。

图7-35 结构图

4. 绘制图7-36所示的建筑剖面图。

2—2剖面图 1:50

图7-36　建筑剖面图

第8章 布局与打印

教学目标与任务

通过对本章的学习，用户可以在模型空间打印出图，也可以根据需要在布局窗口创建和修改布局，并能对各种图形在图纸空间进行多比例出图。

教学重点与难点

- 模型空间与图纸空间
- 模型空间打印
- 图纸空间打印

绘制好的建筑图样需要打印出来进行报批、存档、交流、指导施工，所以绘图的最后一步是打印图形。前面的绘制工作都是在模型空间中完成的，用户可以直接在模型空间中打印草图，但是当打印正式图纸，特别是多比例打印时，利用模型空间打印会非常不方便。所以AutoCAD提供了图纸空间，用户可以在一张图纸上输出图形的多个视图，添加文字说明、标题栏和图纸边框等。图纸空间完全模拟了图纸页面，用于安排图形的输出布局。在这一章中主要讲述怎样在模型空间出图，怎样设置布局并利用布局进行打印等。

8.1 模型空间和图纸空间

模型空间主要用于建模，前面章节讲述的绘图、修改、标注等操作都是在模型空间完成的。模型空间是一个没有界限的三维空间，用户在这个空间中以任意尺寸绘制图形，通常按照1:1的比例，以实际尺寸绘制实体。

图纸空间是为了打印出图而设置的。一般在模型空间绘制完图形后，需要输出到图纸上。为了让用户方便地为一种图纸输出方式设置打印设备、纸张、比例、图纸视图布置等，AutoCAD提供了一个用于进行图纸设置的图纸空间。利用图纸空间还可以预览真实的图纸输出效果。因为图纸空间是纸张的模拟，所以是二维的。同时图纸空间因为受选择幅面的限制，所以是有界限的。在图纸空间还可以设置比例，实现图形从模型空间到图纸空间的转化。

用户用于绘图的空间一般都是模型空间，在默认情况下AutoCAD显示的窗口是模型窗口，在绘图区的左下角显示"模型"和"布局"窗口的选项卡按钮 模型 /布局1 /布局2 /，单击"布局1"或"布局2"可进入图纸空间。

8.2 模型空间打印

如果要打印的图形只使用一个比例，则该比例既可以预先设置，也可以在出图时修改比例。在出图时设置比例这种方式适用于大多数建筑施工图的设计与出图，如果整张图形使用同一个比例，即单比例布图，则可以直接在模型空间出图打印。

下面以图8-1的工程图样按1:100出图讲解模型空间打印的步骤。

图8-1 需要打印的图样

1. 确定图形比例

有两种方法设置绘制图形的比例，一种是绘图之前设置，另一种是在出图之前设置。

在绘制该图形时一般采用1:1的比例，这就需要在出图之前设置比例。经过计算，该图形如果以1:100的比例出图，打印在一张A4图纸上比较合适。

2. 设置打印参数

执行AutoCAD的"文件"/"打印"命令或单击标准工具栏/"打印"按钮🖨，显示图8-2"打印-模型"对话框。按图中调整后就可以将图8-1工程图按1:100的比例打印出来。

"打印-模型"对话框各选项的功能如下：

（1）"页面设置"选项组

在"页面设置"选项组中的"名称"下拉列表框中可以选择所要应用的页面设置名称，也可以单击"添加"按钮添加其他的页面设置，如果没有进行页面设置，可以选择"无"选项。

（2）"打印机/绘图仪"选项组

在"打印机/绘图仪"选项组中的"名称"下拉列表框中可以选择要使用的绘图仪。选择"打印到文件"复选框，则图形输出到文件后再打印，而不是直接从绘图仪或者打印机打印。

（3）"图纸尺寸"选项组

在"图纸尺寸"选项组的下拉列表框中可以选择合适的图纸幅面，视窗可以预览图纸幅面的大小。

（4）"打印区域"选项组

在"打印区域"选项组中，用户可以通过4种方法来确定打印范围。

1）"图形界限"选项表示将打印指定图纸尺寸的页边距内的所有内容，其原点从布局中的（0，0）点计算得出。从"模型"空间打印时，将打印图形界限定义的整个图形区域。

2）"显示"选项表示打印选定的是"模型"空间当前视口中的视图或"布局"中的当前图纸空间视图。

3）"窗口"选项表示打印指定图形的任何部分，这是直接在模型空间打印图形时最常用的方法。选择"窗口"选项后，命令行会提示用户在绘图区指定打印区域。

4）"范围"选项用于打印图形的当前空间部分（该部分包含对象），当前空间内的所有几何图形都将被打印。

（5）"打印比例"选项组

在"打印比例"选项组中，当选中"布满图纸"复选框后，其他选项显示为灰色，不能更改。取消"布满图纸"复选框，用户可以对比例进行设置。

（6）单击 ⊙，展开更多选项，其中"图形方向"选区的"横向""纵向"选择最常用。

图8-2 "打印-模型"对话框

8.3 布局空间打印

布局是一个图纸空间环境，它模拟一张图纸并提供打印预设置。可以在一张图形中创建多个布局，每个布局都可以模拟显示图形打印在图纸上的效果。

绘图窗口的底部是一个模型选项按钮和两个布局选项按钮："布局1"和"布局2"。单击任一布局选项按钮，AutoCAD会自动进入图纸空间环境。在布局窗口中有三个矩形框（图8-3），最外面的矩形框代表的是在页面设置中指定的图纸尺寸，虚线矩形框代表的是图纸的可打印区域。最里面的矩形框是一个浮动视口。

图8-3　图纸空间

8.3.1　创建布局

当默认状态下的两个布局不能满足需要时，可创建新的布局。创建新布局常用的方法是："插入"下拉菜单/"布局"/"新建布局"。

8.3.2　管理布局

在"布局"按钮上单击鼠标右键，此时弹出快捷菜单，可以新建布局、删除布局等，选择"页面设置管理器"，弹出对话框如图8-4所示。选中布局名称并单击"修改"弹出图8-5所示的对话框，在对话框中可以进行修改设置。

图8-4　"页面设置管理器"对话框

图8-5　"页面设置"对话框

8.4　上机指导

例题：用A4图纸按1:100比例打印图8-1所示的房屋剖面图。

【操作步骤】

（1）连接打印机

打印机与电脑连接并安装打印机的驱动程序。

（2）设置打印参数

单击"打印"按钮🖨，弹出"打印"对话框，在该对话框中设置打印参数。

1）在"打印机"列表框里：选中已安装好的打印机。

2）在"图纸尺寸"列表框里：选中3号图纸。

3）在"打印区域"选项组中：选中"窗口"选项，然后单击"窗口"按钮，用户可以在绘图区指定打印区域，即图8-1的左下角和右上角。

4）在"打印比例"选项组中：选中1:100。

5）在"图形方向"选项组中选中横向。

其余选项默认，如图8-6所示。

（3）预览图纸

单击"预览"按钮，出现的打印预览效果如图8-7所示。

（4）打印图纸

单击"确定"按钮，关闭对话框，系统开始打印。

图8-6　打印设置

图8-7　打印预览

8.5　操作练习

按要求绘制图8-8～图8-11所示的住宅房屋并打印出图。

①～⑬轴立面图 1:100

No	某住宅正立面图	成绩
M1:100		
制图	青岛理工大学	班级
审核		

图8-8 住宅正立面图

一层平面图 1:100

No		某住宅一层平面图	成绩
M1:100			
制图		青岛理工大学	班级
审核			

图8-9 住宅平面图

20.700

19.700

19.300

19.000
18.600

900 17.500 30°
16.900

500

300

100

300

1500

900

2800

1500

900

400

2800

1500

900

400

2800

15500

1500

900

400

2800

1500

900

400

2800

2100

2400 300

100

4.200

200

300

G

A

(G) ～ (A) 轴立面图 1:100

No	某住宅侧立面图	成绩
M1:100		
制图	青岛理工大学	班级
审核		

图8-10 住宅侧立面图

图8-11　住宅剖面图

第9章 三维建模

教学目标与任务

通过本章的学习，要求掌握基本的三维建模和实体编辑方法。

教学重点与难点

- 绘制三维基本实体
- 绘制复杂实体
- 实体编辑
- 绘制建筑实体

三维实体、三维曲面和三维网格是最常用的三维模型，它们具有体的特征。在三维模型中，实体的信息最完整，歧义最少，并且非常容易构造和编辑。形成实体后用户还可以对其进行挖孔、切槽、倒角以及布尔运算等操作。

9.1 三维建模界面与用户坐标

9.1.1 三维建模界面

AutoCAD 2014增强了三维建模功能，建模之前，一般先要进入三维建模窗口。单击"工作空间"的下拉按钮，选中"三维基础"空间或"三维建模"空间，如图9-1所示。一般绘制三维图都是采用"三维建模"空间。

图9-1 三维建模空间

AutoCAD 2014"三维建模"空间界面作了较大的调整和优化，可以方便快捷地建模和编辑。界面上方是"面板选择菜单"，选择不同的菜单，下边的操作面板会相应切换。绘图区右侧有"Viewcube"和"视图导航栏"，可以方便地浏览观察形体。

三维造型的方法有以下三种：

1）利用AutoCAD提供的基本实体（例如长方体、圆锥体、圆柱体、球体、圆环体和楔体）创建简单实体，如图9-2所示。

2）沿路径将二维对象拉伸或者将二维对象绕轴旋转，创建复杂三维实体，如图9-3所示。

3）将利用前两种方法创建的实体进行布尔运算（交、并、差）等，生成更复杂的实体，如图9-4所示。

三维实体的显示形式有二维线框、隐藏、真实和概念等十种，可在图9-5视图面板中选择。

图9-2 三维实体建模图　图9-3 复杂三维建模　图9-4 实体编辑　图9-5 视图

9.1.2 三维坐标

在AutoCAD 2014中，坐标系分为世界坐标系（WCS）和用户坐标系（UCS）。这两种坐标系都可以通过坐标来精确定位点。

1. 新建和修改用户坐标

默认情况下，在开始绘制一个新的图形时，当前坐标系为世界坐标系WCS。为了更好地辅助绘图，特别是绘制三维图形，经常需要修改坐标系的原点和方向，这就需要建立用户坐标系。在绘制三维图形时，使用动态UCS坐标系，可以更方便、快捷地进行三维造型。

在"AutoCAD 经典"工作空间下，下拉菜单"工具"/"新建UCS"，可以移动或旋转用户坐标系。利用该菜单可以方便地设置UCS。如利用菜单中的"原点"选项可以方便地移动UCS原点；利用其子命令"X""Y""Z"可以方便地使UCS绕X轴、Y轴和Z轴旋转；利用其子命令"三点"可以方便地创建新的UCS坐标系，确定新坐标系的原点及X轴、Y轴和Z轴的方向；"原点"可以将坐标原点移动到指定点。

2．动态UCS

使用动态UCS可以在三维实体的平整面上创建对象，而无需手动更改UCS方向。还可以使用动态UCS以及UCS命令在三维中指定新的UCS，可以大大提高绘图速度。

按下状态栏上的 ⬚ 按钮，就打开了"动态UCS"。动态UCS激活后，在执行命令的过程中，当将光标移动到面上方时，动态UCS会临时将UCS的XY平面与三维实体的平整面对齐。

3．应用示例

使用"动态UCS"绘制图9-6a的三维立体。

首先利用"长方体"命令绘制出长方体，然后打开"动态UCS"按钮，单击面板上的圆柱体，将光标移到长方体上面的平面上。当上表面以虚线框显示时，单击鼠标左键，动态UCS自动切换到长方体的上表面，如图9-6b所示。此时指定圆柱体的半径和高度，如图9-6c所示，即可在长方体上表面绘制出图9-6a所示的三维立体。

图9-6　利用"动态UCS"绘图

a）三维立体　b）动态UCS　c）指定圆柱体的半径和高度

9.2 建模

利用三维建模工作空间提供的建模命令可以创建简单的三维模型。

9.2.1 创建长方体

1．执行途径

1）面板："建模" / "长方体"按钮 ⬚。

2）命令行：BOX。

2．操作说明

长方体由底面和高度定义，长方体的底面总与当前UCS坐标系的XY平面平行。

执行"长方体"命令，系统提示：

- 指定第一个角点或[中心（C）]：指定长方体底面矩形的一个角点。
- 指定其他角点或[立方体（C）/长度（L）]：指定长方体底面矩形的另一个角点。

- 指定高度或[两点（2P）]：输入高度，即可生成长方体，如图9-7所示。

图9-7 长方体

9.2.2 创建圆柱体

1. 执行途径

1）面板："建模"/"圆柱体"按钮⬜。

2）命令行：CYLINDER。

2. 操作说明

以圆或椭圆作底面创建圆柱体或椭圆柱体，柱体的底面位于当前UCS坐标系的XY平面上。

执行"圆柱体"命令，系统提示：

- 指定底面的中心点或[三点（3P）/两点（2P）/切点、切点、半径（T）/椭圆（E）]：按照绘制二维圆的方法绘制圆或者是椭圆。
- 指定底面半径或[直径（D）]：指定圆柱体底圆的半径或直径。
- 指定高度或[两点（2P）/轴端点（A）]：指定圆柱体的高，即可生成圆柱体，如图9-8所示。

图9-8 圆柱体

9.2.3 创建圆锥体

1. 执行途径

1）面板："建模"/"圆锥体"按钮△。

2）命令行：CONE。

2. 操作说明

圆锥体由圆或椭圆底面以及锥顶定义，如图9-9所示。默认情况下，圆锥体的底面位于当前UCS坐标系的XY平面上。圆锥体的高可以是正的，也可以是负的。锥顶点决定了圆锥体的高和方向。还可以指定顶面半径来创建圆台。创建圆锥体的步骤与圆柱体类似。

图9-9 圆锥和圆台

9.2.4 创建球体

1. 执行途径

1）面板："建模"/"球体"按钮◯。

2）命令行：SPHERE。

2. 操作说明

球体由中心点和半径或直径定义，如图9-10所示。球体的纬线平行于XY平面，中心轴与当前UCS坐标系的Z轴方向一致。

执行"球体"命令，系统提示：

- 指定中心点或[三点（3P）/两点（2P）/切点、切点、半径

图9-10 球体

（T）]：按照绘制二维圆的方法绘制圆。

● 指定半径或[直径（D）]：指定球的半径或直径后即可生成球体。

9.2.5 创建圆环体

1. 执行途径

1）面板："建模"/"圆环体"按钮◎。

2）命令行：TORUS。

2. 操作说明

执行"圆环体"命令，系统提示：

● 指定中心点或[三点（3P）/两点（2P）/切点、切点、半径（T）]：按照绘制二维圆的方法绘制圆。

● 指定半径或[直径（D）]：指定圆环体的半径或直径。

● 指定圆管半径或[两点（2P）/直径（D）]：指定圆管的半径或直径后即可生成圆环体。

圆环体由两个半径值定义，第一个是圆环体的半径，第二个是圆管的半径。如果圆环体半径大于圆管半径，形成的圆环体中间是空的，如图9-11a所示。如果圆管半径大于圆环体半径，结果就像一个两极凹陷的球体，如图9-11b所示。

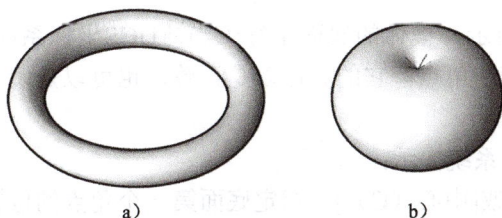

图9-11 圆环体

a）圆环体半径大于圆管半径 b）圆管半径大于圆环体半径

9.2.6 创建棱锥体

1. 执行途径

1）面板："建模"/"棱锥体"按钮△。

2）命令行：PYRAMID。

2. 操作说明

该命令可以创建正棱锥和棱台。

执行"棱锥体"命令，系统显示：

● 指定底面的中心点或[边（E）/侧面（S）]：底面正多边形的中心点。如果选"边"则需要指定底面多边形的一条边；选择"侧面"就是选择棱锥有几个侧面。图9-12a就是正五棱锥，有5个侧面。

● 指定底面半径或[内接（I）]：和绘制二维正多边形的方法相同。

- 指定高度或 [两点（2P）/轴端点（A）/顶面半径（T）]：指定棱锥高度。如果选择"顶面半径"，绘制的就是棱台，如图9-12b所示。

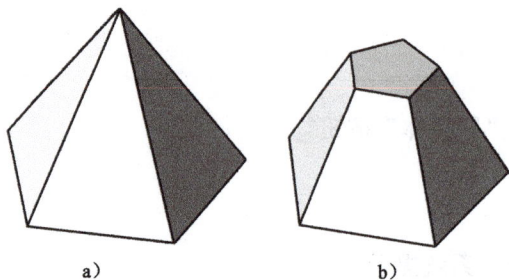

图9-12　棱锥体图

a）正五棱锥　b）棱台

9.2.7　创建楔体

1. 执行途径

1）面板："建模"/"楔体"按钮。

2）命令行：WEDGE。

2. 操作说明

楔体形状如图9-13所示，楔体的底面平行于当前UCS坐标系的XY平面，其倾斜面正对第一个角点。它的高可以是正数，也可以是负数，并与Z轴平行。

运行"楔体"命令，系统提示：

- 指定第一个角点或[中心（C）]：指定底面第一个角点的位置。
- 指定其他角点或[立方体（C）/长度（L）]：指定底面的相对角点的位置。
- 指定高度或[两点（2P）]：指定楔体的高度，即可生成楔体。

图9-13　楔体

9.2.8　创建多段体

1. 执行途径

1）面板："建模"/"多段体"按钮。

2）命令行：POLYSOLID。

2. 操作说明

多段体形状如图9-14所示，多段体的底面平行于当前UCS坐标系的XY平面，它的高可以是正数也可以是负数，并与Z轴平行。默认情况下，多段体始终具有矩形截面轮廓，可以用来绘制建筑墙。

执行"多段体"命令，系统提示：

- 指定起点或 [对象（O）/高度（H）/宽度（W）/对正（J）] <对象>：调整多段体

的高度和宽度及对正方式，其他操作类似绘制多段线的方法。

● 指定下一个点或 [圆弧（A）/放弃（U）]：可以是直线形，也可以选择"圆弧"绘制圆弧形多段体，如图9-14所示。

9.2.9 按住并拖动创建形体

1. 执行途径

1）面板："建模"/"按住并拖动"按钮📱。

2）命令行：PRESSPULL。

图9-14 多段体

2. 操作说明

先创建一个面域如图9-15a所示，然后执行"按住并拖动"命令，选定面域并拖动鼠标即拖出一定的高度，如图9-15b所示。

a）   b）

图9-15 按住并拖动

9.2.10 创建拉伸实体

1. 执行途径

1）面板："建模"/"拉伸"按钮📦。

2）命令行：EXTRUDE。

2. 操作说明

创建拉伸实体就是将二维的闭合对象（如多段线、多边形、矩形、圆、椭圆、闭合的样条曲线和圆环）或面域拉伸成三维对象。在拉伸过程中，不但可以指定拉伸的高度，还可以使实体的截面沿拉伸方向变化。另外，还可以将一些二维对象沿指定的路径拉伸。路径可以是圆、椭圆，也可以由圆弧、椭圆弧、多段线、样条曲线等组成。路径可以封闭，也可以不封闭。

如果用直线或圆弧绘制拉伸用的二维对象，则需用PEDIT "连接"将它们转换为单条多段线，或者用"面域"命令生成面域，然后再利用"拉伸"命令进行拉伸。

3. 应用示例

例题：下面举例说明拉伸实体的操作过程。

【操作步骤】

（1）拉伸楼梯

1）如图9-16a所示绘制楼梯二维图，建议用"多段线"命令绘制，如果用"直线"命令绘制需要再用"面域"命令形成面域。

2）执行"拉伸"命令，选择要拉伸的对象后系统提示如下：

指定拉伸的高度或 [方向（D）/路径（P）/倾斜角（T）/表达式（E）]：直接输入高度值，图9-16a拉伸成楼梯三维图9-16b。

（2）拉伸棱台

如果选择"倾斜角"，则拉伸成椎体，即侧面有倾斜角度。图9-17b为图9-17a倾斜角为30°时拉伸的结果。

（3）路径拉伸

如果选择的是"路径"，需要先绘制一个拉伸对象，如图9-18a所示的圆，用"坐标"面板的 ⬚ "三点"命令，即指定新的坐标原点、X轴上的一个点、Y轴上的一个点，将坐标UCS的XY面沿X轴转动90°，用"多段线"命令绘制路径如图9-18a所示的曲线。执行"拉伸"命令，选择拉伸对象为图9-18a中的圆，选择路径为图9-18a中的曲线，结果如图9-18b所示。

a)　　　　　　　　　　　　b)

图9-16　拉伸楼梯

a)　　　　　　　　　　　　b)

图9-17　拉伸棱台

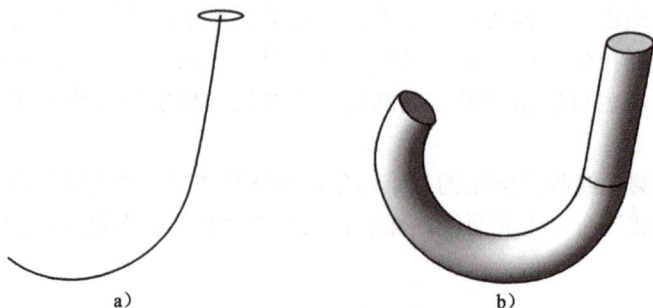

a)　　　　　　　　　　　　b)

图9-18　路径拉伸

特别提示

1）拉伸锥角是指拉伸方向偏移的角度，其范围是–90°～+90°。

2）不能拉伸相交或自交的多段线。

3）如果用直线或圆弧绘制拉伸用的二维对象，应先将它们转化成一条多段线或面域。

4）指定拉伸的路径既不能与拉伸对象共面，也不能具有高曲率的区域。

9.2.11 创建放样实体

1. 执行途径

1）面板："建模"/"放样"按钮 。

2）命令行：LOFT。

2. 操作说明

"放样"类似"拉伸"操作，但放样可以使拉伸体具有不同的截面形状。

1）创建截面，并把不同的截面放到导向线的不同位置上。

2）按放样次序选择横截面。

3）输入选项 [导向（G）/路径（P）/仅横截面（C）/设置（S）] <仅横截面>：

① "仅横截面"放样效果如图9-19b所示，从一个截面过渡到下一个截面。

② "路径"放样效果如图9-19c所示，为放样操作指定路径，以更好地控制放样对象的形状。为获得最佳结果，路径曲线应始于第一个横截面所在的平面，止于最后一个横截面所在的平面。

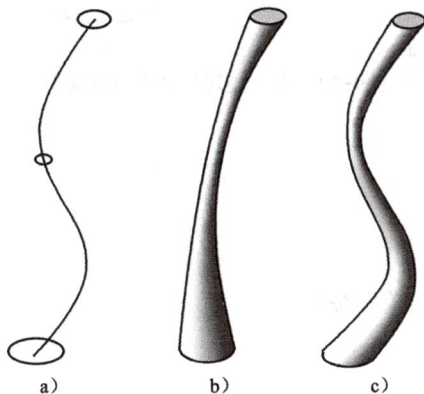

图9-19 放样

③ "导向"指定导向曲线，以与相应横截面上的点相匹配。此方法可防止出现意外结果，例如三维对象中出现皱褶。每条导向曲线必须满足以下条件：与每个横截面相交，始于第一个横截面，止于最后一个横截面。

9.2.12 创建旋转实体

1. 执行途径

1）面板："建模"/"旋转"按钮 。

2）命令行：REVOLVE。

2. 操作说明

创建旋转实体即是将一个二维封闭对象（例如圆、椭圆、多段线、样条曲线）绕指定轴线按一定的角度旋转成实体。

1）绘制二维图形，如图9-20a所示。

2）用"直线"命令绘制一条旋转轴。

3）执行"旋转"命令。

4）指定要旋转的对象。

5）指定旋转轴。

6）指定旋转角，即可生成旋转实体，如图9-20b所示。

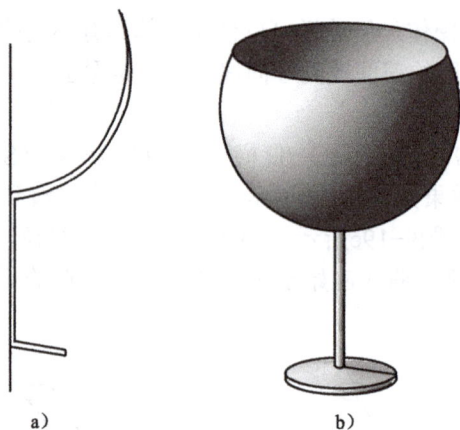

a)   b)

图9-20 用"旋转"命令创建酒杯

9.2.13 扫掠

1. 执行途径

1）面板："建模" / "扫掠"按钮 🖼。

2）命令行：SWEEP。

2. 操作说明

可以通过沿路径扫掠轮廓来创建三维实体或曲面。

1）创建扫掠对象，如图9-21a所示的小正六边形。创建扫描路径，如图9-21a所示的螺旋线。

2）执行"扫掠"命令，先选择扫掠对象，选择如图9-21a所示的小正六边形。

3）选择扫掠路径或 [对齐（A）/基点（B）/比例（S）/扭曲（T）]：

选择路径螺旋线，则扫掠效果如图9-21b所示。如果选择"扭曲"，则需要输入扭曲角度。图9-21c是扭曲360°的扫掠效果。

图9-21　用"扫掠"命令建模

9.3 实体编辑

在实际操作中，经常需要将简单的三维实体进行编辑以形成较为复杂的三维实体。

9.3.1 布尔运算

布尔运算是常用的实体编辑方法，有并集、差集和交集三种，即两个或多个实体合并、相减和公共部分。

1. 并集运算（相加实体）

将两个或多个实体进行合并，生成一个组合实体，即并集运算。

（1）执行途径

1）面板："实体编辑" / "并集"按钮⑩。

2）命令行：UNION。

（2）操作说明

执行"并集"命令，在提示选择对象后，用鼠标连续选择要相加的对象，然后按【Enter】键即生成需要的组合实体。图9-22a中的圆柱体和长方体是两个单体，图9-22b是并集运算后合成一个实体。

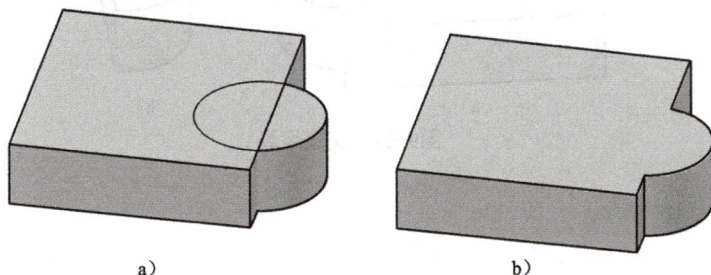

图9-22　并集

2. 差集运算（相减实体）

从一个实体中减去另一个（或多个）实体，生成一个新的实体，即差集运算。

（1）执行途径

1）面板："实体编辑" / "差集"按钮⑩。

2）命令行：SUBTRACT。

（2）操作说明

执行"差集"命令，首先选择的实体是"要从中减去的实体"，按【Enter】键后接着选择"要减去的实体"。如图9-23a所示，先选择长方体，按【Enter】键后再选择圆柱体，结果如图9-23b所示。选择减和被减的实体都可以选多个。

图9-23　差集运算

3. 交集运算（相交实体）

将两个或多个实体的公共部分构造成一个新的实体，即交集运算。

（1）执行途径

1）面板："实体编辑"/"交集"按钮◎。

2）命令行：INTERSECT。

（2）操作说明

两个实体相交，才可以生成交集。否则，实体将被删除。执行"交集"命令，在提示选择对象后，用鼠标连续选择要相交的对象，然后按【Enter】键即可生成相交后的公共部分实体。图9-24b为进行交集运算后生成的实体。

图9-24　交集运算

9.3.2　其他实体编辑

1. 干涉

检查一组三维实体或曲面模型内部的干涉区域，可以比较两组对象，也可以选定图形中的所有三维实体和曲面。干涉检查可创建临时实体或曲面对象，并亮显模型相交的部分。

（1）执行途径

1）面板："实体编辑"/"干涉"按钮☑。

2）命令行：INTERFERE。

（2）操作说明

执行"干涉"命令后，命令提示选择第一组对象和第二对象，如图9-25所示选择长方体和圆柱体，则干涉部分加亮显示。

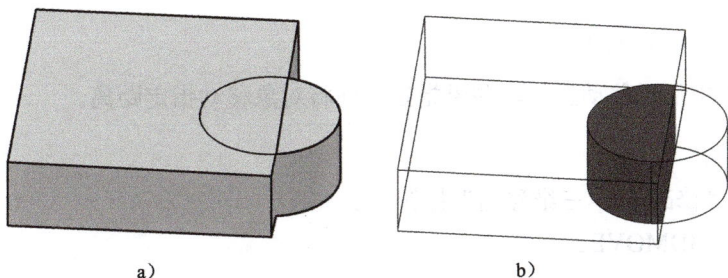

a）   b）

图9-25 干涉

2. 剖切

该命令可根据指定的剖切平面对三维实体进行剖切。

（1）执行途径

1）面板："实体编辑"/"剖切"按钮。

2）命令行：SLICE。

（2）操作说明

输入命令后，命令行提示选择要剖切的对象，按【Enter】键后提示：

指定切面的起点或[平面对象（O）/曲面（S）/Z轴（Z）/视图（V）/XY（XY）/YZ（YZ）/ZX（ZX）/三点（3）] <三点>：

1）"平面对象（O）"选项，使用选定平面对象的平面作为剖切平面将实体剖开。该对象可以是圆、椭圆、圆弧、二维样条曲线或二维多段线。

2）"Z轴"选项，通过在平面上指定一点和在平面的Z轴（法线）上指定另一点来定义剖切平面。

3）"XY / YZ / ZX"选项，使剖切平面与一个通过指定点的标准平面（XY、YZ或ZX）平行，以此平面进行剖切。

4）"三点"选项，通过三个点定义剖切平面。这是最常用的剖切方法。

特别提示

1）实体剖切后可以保留剖切实体的所有部分，或者保留指定的部分。剖切实体保留原实体的图层和颜色特性。

2）操作时在"在所需的侧面上指定点或[保留两个侧面（B）]<保留两个侧面>："提示下直接定义一点从而确定图形将保留剖切实体的哪一侧。该点不能位于剪切平面上。若输入"B"，则剖切实体的两侧均保留，如图9-26所示。

图9-26 实体剖切

9.4 三维实体的修改

9.4.1 三维实体的移动

在三维视图中显示移动工具，并沿指定方向将对象移动指定距离。

1. 执行途径

1）面板："修改"/"三维移动"按钮⊕。
2）命令行：3DMOVE。

2. 操作说明

操作方法和二维移动类似，只是"三维移动"可以在三维空间内移动。

9.4.2 三维实体的旋转

在三维视图中显示旋转工具，并绕指定轴将对象旋转指定角度。

1. 执行途径

1）面板："修改"/"三维旋转"⊕。
2）命令行：3DROTATE。

2. 操作说明

选择对象，确定基点，拾取旋转轴，指定旋转的角度。

9.4.3 三维实体的阵列

1. 执行途径

1）面板："修改"/"三维阵列"▦。
2）命令行：3DARRAY。

2. 操作说明

和二维阵列类似，三维阵列加了"层数"及"层间距"。图9-27就是3行4列3层的阵列。"三维阵列"在"三维基础"工作空间的"修改"面板下的"三维镜像"下拉菜单里。

图9-27 三维阵列

9.4.4　三维实体的镜像

1. 执行途径

1）面板："修改"/"三维镜像" ⅍。

2）命令行：MIRROR3D。

2. 操作说明

可以通过指定镜像平面来镜像对象。

执行"三维镜像"命令，系统提示：

● 选择要镜像的对象。

● 指定三点以定义镜像平面。

> **特别提示**
>
> 镜像平面可以是以下平面：
> 1）平面对象所在的平面。
> 2）通过指定点且与当前UCS的XY、YZ或XZ平面平行的平面。
> 3）由三个指定点定义的平面。

3. 应用示例

绘制三维图如图9-28a所示，执行"三维镜像"命令，选择镜像对象如图9-28a所示，选择镜像平面，指定图9-28b中的2、3和4三个点，镜像结果如图9-28c所示。

图9-28　三维镜像

a）要镜像的对象　b）定义镜像平面　c）镜像结果

9.5　三维观察

9.5.1　ViewCube

ViewCube工具是在二维模型空间或三维视觉样式中处理图形时的显示导航工具。使用ViewCube工具，可以在标准视图和等轴测视图间切换。

1）ViewCube工具是一种可单击、可拖动的常驻界面，用户可以用它在模型的标准视图和等轴测视图之间进行切换。ViewCube工具显示后，将在窗口一角以不活动状态显示在模型上方。ViewCube 工具在视图发生更改时可提供有关模型当前视点的直观反映。将光标放置在 ViewCube工具上后，ViewCube将变为活动状态。如图9-29所示，单击ViewCube的边、角点和面，以不同的方位显示视图。也可以拖动ViewCube，来切换到可用预设视图之一、滚动当前视图或更改为模型的主视图等。

图9-29　ViewCube

a）边　b）角点　c）面

2）如图9-30所示，指南针显示在 ViewCube工具的下方并指示为模型定义的北向。可以单击指南针上的基本方向字母以旋转模型，也可以单击并拖动其中一个基本方向字母或指南针圆环以绕轴心点以交互方式旋转模型。

图9-30　ViewCube指南针

3）在"ViewCube"上右击，选"ViewCube设置"，弹出图9-31所示的对话框，可以对ViewCube进行设置。

图9-31　ViewCube设置

9.5.2　视图导航

导航工具栏分为面板导航和工具条导航，如图9-32所示。

1）全导航控制盘：将在二维导航控制盘、查看对象控制盘和巡视建筑控制盘上的二维和三维导航工具组合到一个控制盘上，如图9-33所示。全导航控制盘是用于查看对象和巡视建筑的常用三维导航工具。

2）平移：类似二维的平移。

3）范围缩放：类似二维的缩放。

4）动态观察工具：用于旋转视口动态观察的导航工具集。

图9-32　导航工具条和导航工具面板　　　　图9-33　全导航控制盘

9.6　上机指导

例题： 应用前面介绍的三维命令，可以创建和绘制三维实体，例如可以根据绘制的建筑物的平立剖详图，建立建筑物的三维模型。

以图9-34所示的简单房屋为例，图中给出了一个房屋的平面图和立面图，图中女儿墙高度为500，根据已知条件绘制建筑三维图。

【操作步骤】

1）在XY平面上，将图9-34的平面图绘制好。

2）绘制地面：启动"BOX"命令，绘制一个长方体，系统提示。

①指定第一个角点或：

②指定其他角点：指定第一个角点和其他角点时，分别用鼠标在屏幕上合适的位置单击，确定一个比平面图的墙体稍大一些的矩形。

③指定高度：指定高度-100。

这样就得到了一个长方体作为地面。

3）绘制墙体：新建一个"3D墙体"图层，将原先绘制的墙体轮廓全选并指定到新图层上。关闭二维图中的"墙体"图层，将当前层设为"3D墙体"层，使用"region"命令并将墙体的轮廓设置为面域。

4）使用"extrude"拉伸工具，将"3D墙体"面域向上拉伸，根据立面图，向上拉伸

3700。用ViewCube调整为"轴测"，将视图转换为三维，如图9-35所示。

5）绘制窗下墙体：用ViewCube调整为"上"，启动"BOX"命令，在提示下，捕捉如图9-36所示的A点和B点作为两个角点，给定高度900，画出窗下面的墙体，此时效果如图9-37所示。

图9-34 房屋的平面图和立面图

图9-35 拉伸墙体后的立体

图9-36 使用"BOX"命令建立窗下墙体的捕捉点

6）绘制窗上和门洞上方墙体：用"坐标"面板┗移动UCS原点法，将UCS坐标移至上表面，如图9-38所示。启动"BOX"命令，根据标高绘制门和窗户上方的墙，注意此时"长方体"高度用-1000，结果如图9-38所示。

图9-37 画出窗下墙体后的立体　　图9-38 用户坐标系及窗上墙体的绘制

7）绘制房顶楼板：使用"BOX"命令，捕捉墙体上表面内部矩形的两个角点，然后给定厚度-100，得到楼板。由于房顶有500高的女儿墙，需要把楼板向下移动500。启动"移动"命令，位移在Z方向上为-500，此时房屋立体如图9-39所示。

8）布尔运算，将房屋形成整体：启动"并集"布尔运算，选择所有对象并按【Enter】键，则整个房屋形成了一个整体，如图9-40所示。

图9-39 绘制出房顶楼板的房屋　　　图9-40 房屋的三维模型

9.7 操作练习

1．由图9-41所示的阶梯三面投影，绘制其三维图。

图9-41 台阶三面投影

2．由图9-42所示的牛腿柱投影断面图，绘制其三维图。

图9-42　牛腿柱的投影及断面图

3．由图9-43的容器投影图，绘制其三维图。

图9-43　容器投影

4. 绘制图9-44~图9-48所示的三维图。

图 9-44

图 9-45

图 9-46

图 9-47

图 9-48

5. 由图9-49所示的建筑平面图、立面图和剖面图绘制图9-50所示的建筑三维图，其中墙厚240，门、窗、阳台样式参照立面图，尺寸自定义。

一层平面图 1:100

a)

图9-49 建筑施工图

二层平面图 1:100

b)

屋顶平面图 1:100

c)

图9-49　建筑施工图（续）

屋顶平面图 1:100

c)

卫生间 办公室

卫生间 休息室

1—1剖面图 1:100

d)

铁艺栏杆

卷帘门

车库坡道

南立面图 1:100

e)

北立面图 1:100

f)

图9-49 建筑施工图（续）

東立面图 1:100

g）

西立面图 1:100

h）

图9-49 建筑施工图（续）

图9-50 渲染后的建筑三维图

附　录

第一期　全国CAD技能等级一级（计算机绘图师）考试试题——土木与建筑类

试卷说明

1. 考试方式：计算机操作，闭卷；
2. 考试时间为180分钟；
3. 打开绘图软件后，考生在指定位置建立一个新文件，并以考生考号加考生姓名给文件命名（例如：0901王红.dwg）。考生所作试题全部存在该文件中。

试题部分：

试题一、绘制图幅。（15分）

要求：

①按以下规定设置图层及线型：

图层名称	颜色（颜色号）	线型	线宽
粗实线	白 (7)	Continuous	0.6
中实线	蓝 (7)	Continuous	0.3
细实线	绿 (3)	Continuous	0.15
虚线	黄 (2)	Dashed	0.3
点画线	红 (1)	Center	0.15

②按1:1的比例绘制A2幅面（594×420，横放），在A2图纸幅面内用细实线划分出左侧一个A3幅面（297×210）如下图所示。左侧的A3幅面画图框及标题栏，用于绘制试题二；右上方的A4幅面画图框及标题栏，用于绘制试题三；右下方的A4幅面只画出裁切边，标题栏格式及尺寸见所绘式样。

③设置文字样式，在标题栏内填写文字（不标注标题栏尺寸）。

标题栏尺寸及样式：

		CAD技能等级考试		比例	
				图号	
姓名		成绩		（考生所在单位）	
考号					

试题二、按1:1000的比例绘制立体交叉公路平面图并标注尺寸。（25分）

立体交叉公路平面图（图中单位：m）

附录

试题三，按1:1的比例抄绘组合体的两视图（不标尺寸），在侧面投影（W面投影）的
位置完成1—1剖面图（不标尺寸），断面部分填充混凝土材料符号。（20分）

三层平面图 1:100

楼梯详图

共3页 第3页

试题四、绘制建筑平面图。（40分）

要求：

① 按试题一的要求，将"三层平面图"绘制在指定位置上，其中楼梯的详细尺寸见所绘楼梯详图（不绘制楼梯详图）；

② 绘图比例采用1:100；

③ 线型、字体、尺寸应符合我国现行建筑制图国家标准。不同的图线应放在不同的图层上，尺寸放在单独的图层上。

附录

第二期　全国CAD技能等级一级（计算机绘图师）考试试题——土木与建筑类

试卷说明

1. 考试方式：计算机操作，闭卷；
2. 考试时间均为180分钟；
3. 打开绘图软件后，考生在指定位置建立一个新文件，并以考生考号加考生姓名给文件命名（例如：09001王红.dwg）。考生所作试题全部存在该文件中。

试题部分：

试题一、绘制图幅。（15分）

要求：

① 按以下规定设置图层及线型：

图层名称	颜色（颜色号）		线型	线宽
粗实线	白	(7)	Continuous	0.6
中实线	蓝	(5)	Continuous	0.3
细实线	绿	(3)	Continuous	0.15
虚线	黄	(2)	Dashed	0.3
点画线	红	(1)	Center	0.15

② 按1:1的比例绘制A2幅面（594×420，竖放），在A2幅面内用细实线划分出上下两个A3幅面，分别在这两个A3幅面内用细实线绘制图框、标题栏。上面的用于绘制试题二、试题三，下面的用于绘制试题四，如下图所示。应按国家标准绘制图幅、图框、标题栏，图框要留出装订边，标题栏格式及尺寸见所给式样。

③ 设置文字样式，在标题栏内填写文字（"图号"一栏上方图幅注写"1"，下方图幅注写"2"；不标注标题栏尺寸）。

标题栏尺寸及样式：

试题二、按1:1的比例绘制平面图形并标注尺寸。（25分）

221

试题三、按1:20的比例抄绘组合体的正面投影和水平投影，并将侧面投影改画为1—1剖面图（断面填充混凝土材料符号）（全图不标注尺寸）。（20分）

试题四、绘制建筑图。（40分）

要求：

① 将下列房屋平、立、剖面图绘制在第一题中的A3幅面内；

② 绘图比例采用1:100；

③ 要求线型、字体、尺寸应符合我国现行建筑制图国家标准。不同的图线应放在不同的图层上，尺寸放在单独的图层上。

西立面图 1:100

1—1剖面图 1:100

高级外墙涂料

浅灰色面砖

一层平面图 1:100

接待、休息

传达

第三期 全国CAD技能等级一级（计算机绘图师）考试试题——土木与建筑类

试卷说明

1. 考试方式：计算机操作，闭卷；
2. 考试时间为180分钟，试卷总分100分；
3. 打开绘图软件后，考生在指定位置建立一个新文件，并以考生考号加考生姓名给文件命名（例如：09001王红.dwg）。考生所作试题全部存在该文件中。

试题部分：

试题一、绘制图幅。（15分）

要求：

① 按以下规定设置图层及线型：

图层名称	颜色	（颜色号）	线型	线宽
粗实线	白	(7)	Continuous	0.6
中实线	蓝	(5)	Continuous	0.3
细实线	绿	(3)	Continuous	0.15
虚线	黄	(2)	Dashed	0.3
点画线	红	(1)	Center	0.15

② 按1:1的比例绘制三个A3图幅（420×297），如图所示，将试题二、试题三、试题四分别绘制在指定的位置。应按国家标准绘制图幅、图框、标题栏，设置文字样式，在标题栏内填写文字。标题栏格式及尺寸见所给样式。左侧的图幅绘制图框时不留装订边，不画标题栏。

试题二、按1:1的比例绘制花格图形并标注尺寸。（25分）

试题二 试题三

试题四
（二层楼梯平面图，
顶层楼梯平面图）

试题四
（1—1剖面图）

标题栏尺寸及样式：

CAD技能等级考评(10号字)		比例			
		日期			
姓名		（考生所在单位）（7号字）			
考号					

试题三、按1:10的比例抄绘组合体的两面投影图，并求画侧面投影图（全图不标注尺寸）。（20分）

1—1剖面图 1:50

三层楼梯平面图 1:50

一层楼梯平面图 1:50

试题四、绘制楼梯详图。（40分）

要求：

① 抄绘1—1剖面图（栏杆高1050mm，其他未标注的细部尺寸自定）；

② 求画二层楼梯平面图、顶层楼梯平面图；

③ 绘图比例均采用1:50，线型、字体、尺寸应符合我国现行建筑制图国家标准。不同的图线应放在不同的图层上，尺寸放在单独的图层上。

第四期　全国CAD技能等级一级（计算机绘图师）考试试题——土木与建筑类

试卷说明：
1. 考试方式：计算机操作，闭卷；
2. 考试时间同为180分钟，试卷总分100分；
3. 打开绘图软件后，考生在指定位置建立一个新文件，并以考生考号加考生姓名给文件命名（例如：09001王红.dwg）。考生所作试题全部存在该文件中。

试题部分：
试题一、绘制图幅。（15分）
要求：
① 按以下规定设置图层及线型：

图层名称	颜色（颜色号）	线型	线宽
粗实线	白 (7)	Continuous	0.6
中实线	蓝 (5)	Continuous	0.3
细实线	绿 (3)	Continuous	0.15
虚线	黄 (2)	Dashed	0.3
点画线	红 (1)	Center	0.15

② 按1:1的比例绘制两个A4图幅（420×297），将左侧的A3图幅再分为两个A4图幅，如图所示。将试题二、试题三、试题四分别绘制在指定的位置。应按国家标准绘制图幅、图框、标题栏，设置文字样式，在标题栏内填写文字。标题栏格式式样及尺寸见所给式样。

试题二、按1:1的比例绘制花格图形并标注尺寸。（25分）

标题栏尺寸及样式：

CAD技能等级一级考评（10号字）
比例
日期
（考生所在单位）（7号字）
5号字（余同）
姓名　成绩
考号

试题三、按1:10的比例绘制组合体已知的两面投影图，并求画侧面投影图（全图不标注尺寸）。（20分）

试题四、绘制房屋剖面图。（40分）

要求：绘制比例为1:100；线型、字体、尺寸应符合我国现行建筑制图国家标准。不同的图线应放在不同的图层上，尺寸放在单独的图层上。

说明：楼板及楼梯板厚度均为100mm；C、D轴之间的窗尺寸为1800mm×2100mm，左右居中布置；个别未标注尺寸自定。

1—1剖面图 1:100

第五期 全国CAD技能等级一级（计算机绘图师）考试试题——土木与建筑类

试卷说明

1. 考试方式：计算机操作，闭卷；
2. 考试时间为180分钟，试卷总分100分；
3. 打开绘图软件后，考生在指定位置建立一个新文件，并以考生考号加考生姓名给文件命名（例如：09001王红.dwg）。考生所作试题全部存在该文件中。

试题部分：

试题一、绘制图幅。（15分）

要求：

① 按以下规定设置图层及线型：

图层名称	颜色（颜色号）	线型	线宽
粗实线	白 (7)	Continuous	0.6
中实线	蓝 (5)	Continuous	0.3
细实线	绿 (3)	Continuous	0.15
虚线	黄 (2)	Dashed	0.3
点画线	红 (1)	Center	0.15

② 按1:1的比例绘制上下两个A3图幅，上面的用于绘制试题二、试题三，下面的用于绘制试题四，如下图所示。应按国家标准绘制图幅、图框、标题栏，设置文字样式，在标题栏内填写文字。标题栏尺寸及格式见所给式样。

标题栏尺寸及样式：

CAD技能等级一级考评 (10号字)		比例	5号字（余同）
		日期	
考号	阅卷教师签字 (7号字)	（考生所在单位） (7号字)	
成绩			

试题二、按1:1的比例绘制花格图形并标注尺寸。（20分）

试题二   试题三

试题四

230

试题三、抄绘组合体的三面投影图，并求画1—1剖面图和2—2剖面图（比例为1:1；材料为普通砖；全图不标注尺寸）。（25分）

试题四、绘制房屋一层平面图（40分）。

要求：绘制比例为1:200；外墙厚均为370，内墙厚均为240。线型、字体、尺寸应符合我国现行建筑制图国家标准。不同的图线应放在不同的图层上，尺寸放在单独的图层上。

一层平面图 1:200

附录

第六期 全国CAD技能等级一级（计算机绘图师）考试试题——土木与建筑类

试卷说明

1. 考试方式：计算机操作，闭卷；
2. 考试时间为180分钟，试卷总分100分；
3. 打开绘图软件作后，考生在指定位置建立一个新文件，并以考生姓名命名该文件名（例如：09001王红.dwg）。考生所作试题全部存在在该文件中。

试题部分：

试题一、绘制图幅。（15分）

要求：

① 按以下规定设置图层及线型：

图层名称	颜色（颜色号）	线型	线宽
粗实线	白 (7)	Continuous	0.6
中实线	蓝 (5)	Continuous	0.3
细实线	绿 (3)	Continuous	0.15
虚线	黄 (2)	Dashed	0.3
点画线	红 (1)	Center	0.15

② 按1:1的比例绘制如下图所示三个图幅。上面的为两个A4图幅，下面的为A2图幅。

要求绘制图框及标题栏，分别用于绘制试题二，试题三；用于绘制试题四，应按国家标准绘制图框，不绘制图框及标题栏，设置文字样式，在标题栏内填写文字。标题栏尺寸及格式见所绘式样。

标题栏尺寸及样式：

试题二、按1:1的比例绘制平面图形并标注尺寸。（20分）

试题三、抄绘组合体的两面投影图，并在指定位置求画1—1、2—2剖面图（比例为1:1；材料为普通砖；全图不标注尺寸）。（25分）

1—1剖面图

2—2剖面图

试题四、绘制建筑平面图。（40分）

要求：绘图比例为1:150；墙厚均为240，轴线居中。线型、字体、尺寸应符合我国现行房屋建筑制图国家标准。不同的图线应放在不同的图层上，尺寸放在单独的图层上。

建筑平面图 1:150

参 考 文 献

[1] 杨月英，於辉. 中文版AutoCAD 2008建筑绘图（含上机指导）[M]. 北京：机械工业出版社，2008.

[2] 莫正波，高丽燕，宋琦. AutoCAD 2008建筑制图实例教程[M]. 青岛：中国石油大学出版社，2008.

[3] 张效伟，李海宁，邵景玲. 建筑制图与阴影透视[M]. 北京：中国建材工业出版社，2010.

[4] 张效伟，邵景玲. AutoCAD 2012绘制建筑图（含上机指导）[M]. 北京：中国建材工业出版社，2012.